Verständliche Wissenschaft

Einunddreißigster Band

Vom Bau und Leben des Gehirns

Von

Ernst Scharrer

Berlin · Verlag von Julius Springer · 1936

Vom Bau und Leben des Gehirns

Von

Dr. phil. et med. Ernst Scharrer

Neurologisches Institut der Universität
Frankfurt a. M.

1. bis 5. Tausend

Mit 81 Abbildungen

Berlin · Verlag von Julius Springer · 1936

ISBN 978-3-642-98269-9   ISBN 978-3-642-99080-9 (eBook)
DOI 10.1007/978-3-642-99080-9

Vorwort.

In den mehr als 100 Jahren, seit Carl Friedrich B u r d a c h
sein dreibändiges Werk „Vom Bau und Leben des Gehirns“
(Leipzig 1819—1826) geschrieben hat, haben unsere Kenntnisse auf diesem Gebiet in außerordentlichem Maße zugenommen. Ein verhältnismäßig kleiner Kreis von Hirnanato-
men und Psychiatern hütet diesen dauernd sich mehrenden
Kenntnisschatz, und der allergrößte Teil der an der Wissenschaft interessierten Menschen erfährt von den Ergebnissen
der Hirnforschung wenig oder nichts. Aber trotz der Schwierigkeit dieses Gebietes, auf dem nur ein Spezialist zu Hause sein
kann, ist es nicht notwendig, daß auch sonst wohlunterrichtete
Leute die zweifelnde Frage stellen, ob die Fische ein Gehirn
haben, oder daß andere das menschliche Gehirn für eine Art
Fettkörper halten, wie man das wohl erleben kann. Es erscheint da vielleicht nicht überflüssig, im Rahmen dieser
Bücherreihe das Wichtigste über den Bau und die Leistungen
des Nervensystems des Menschen und der Tiere darzustellen.
Bei dem Versuch freilich, einen Abriß von der ungeheueren
Fülle oft schwer zu verstehender Einzelheiten und verwickelter
Zusammenhänge auf so knappem Raum zu geben, kommt
sich der Verfasser vor wie das Kind in der Legende, das mit
einer Muschelschale den Ozean in sein Sandloch schöpfen
will. Und so wird dem Leser die Lektüre dieses Büchleins
nicht immer ganz leicht fallen, denn es müssen von Anfang
an schon Begriffe und Bezeichnungen verwendet werden,
deren Erklärung man bisweilen erst in späteren Kapiteln findet. Zudem lassen sich manche Dinge auf dem Gebiet der
Nervenlehre nicht einfacher beschreiben, ohne daß die Darstellung in Gefahr gerät, unrichtig zu werden.

Wir beginnen mit der Entwicklung des Nervensystems und
werden im weiteren seine Bausteine schildern sowie die Me-

thoden, die man zu ihrer Untersuchung anwendet. Mit der Kenntnis der wichtigsten Tatsachen so ausgerüstet, steigen wir dann, nachdem wir uns kurz bei den wirbellosen Tieren umgesehen haben, von den niederen Wirbeltieren zu den höheren auf. Dabei lernen wir immer verwickelter gebaute Zentralorgane kennen, und nach solcher Vorbereitung können wir die uns am meisten interessierenden Verhältnisse beim Menschen eher verstehen. Wir werden in erster Linie den Bau des menschlichen Zentralnervensystems studieren. Aber auch das Wichtigste über seine Leistungen und über die Beziehungen zwischen geistigen Störungen und krankhaften Hirnveränderungen werden wir wenigstens andeutungsweise erfahren und können bei dieser Gelegenheit auch eine Reihe von Sonderfragen der Hirnforschung erörtern, die uns in der neueren Zeit bewegen. Für diejenigen, die vielleicht im Anschluß an die Lektüre des vorliegenden Büchleins Mut gefaßt haben, weiter in das schwierige Gebiet der Hirnforschung einzudringen, seien hier noch einige ausführlichere Werke genannt, beginnend mit solchen, die leichter verständlich geschrieben sind, und schließend mit denen, die viel Vorkenntnis erfordern:

Pfeifer, R. A.: Das menschliche Gehirn. Leipzig 1911.

Elze, C.: Zentrales Nervensystem. Berlin 1932.

Villiger, E.: Gehirn und Rückenmark. Leipzig 1920.

Obersteiner, H.: Anleitung beim Studium des Baues der nervösen Zentralorgane. Leipzig und Wien 1912.

Kuhlenbeck, H.: Vorlesungen über das Zentralnervensystem der Wirbeltiere. Jena 1927.

Edinger, L., Vorlesungen über den Bau der nervösen Zentralorgane des Menschen und der Tiere. Leipzig 1908, 1911.

Kappers, C. U. A.: Die vergleichende Anatomie des Nervensystems der Wirbeltiere und des Menschen. Haarlem 1920, 1921.

Inhaltsverzeichnis.

A. Allgemeines über das Nervensystem.

1. Die Entwicklung des Nervensystems.

Das Nervensystem entwickelt sich beim Embryo aus dem äußeren Keimblatt, aus dem auch die Haut hervorgeht. An einem Embryo, beispielsweise einem Froschkeimling, können wir auf einem sehr frühen Entwicklungsstadium beobachten, wie sich ein Streifen der embryonalen Außenhaut auf der Rückenseite rinnenförmig einsenkt und sich durch Verwachsung der dabei entstandenen Ränder zu einem röhrenförmigen Gebilde schließt (Abb. 1). Aus diesem Rohr entsteht nun in der weiteren Entwicklung das ganze Nervensystem. Uns interessiert zunächst am meisten das Kopfende des Nervenrohres, denn der übrige Teil wird zum Rückenmark und bleibt mehr oder minder auf dem Stadium des Rohres stehen. Am Kopfende aber kommt es zu mannigfaltigen und merkwürdigen Umbildungen. Hier wird das Nervenrohr zu drei hintereinanderliegenden Bläschen aufgebläht (Abb. 2), die wir als *Vorderhirnbläschen, Mittelhirnbläschen* und *Rautenhirnbläschen* bezeichnen. Die Unterteilung geht mit der fortschreitenden Entwicklung des Embryos weiter. Das Vorderhirnbläschen teilt sich abermals (Abb. 3), um das *Endhirn* und das *Zwischenhirn* zu bilden, und auch das Rautenhirnbläschen teilt sich in zwei Abschnitte, aus denen später das *Kleinhirn* und das sog. *verlängerte Mark* hervorgehen. Das Mittelhirnbläschen bleibt ungeteilt. Damit haben wir bereits den Grundplan des endgültigen Aufbaus des Wirbeltiergehirns erreicht. Es folgen also von vorne nach hinten aufeinander: *Endhirn, Zwischenhirn, Mittelhirn, Kleinhirn* und *verlängertes Mark*, an die sich dann als Röhre das *Rückenmark* anschließt. Um diese fünfteilige Gehirnanlage bildet sich die Schädelkapsel und um das Rückenmark die Wirbelsäule.

Das *Endhirnbläschen* bleibt auf dieser Stufe nicht stehen. Je nach der Entwicklungshöhe der betreffenden Tierklasse erfährt es bei den Fischen, Amphibien, Reptilien usw. eine verschiedene Ausbildung. Bei allen aber teilt es sich in eine rechte und in eine linke Hälfte. Wir nennen diese beiden Hälften die Großhirn- oder Vorderhirnhemisphären, so wie wir bei der Erde von einer nördlichen und einer südlichen Halbkugel oder Hemisphäre sprechen. Ihre weitere Ausbildung in der aufsteigenden Wirbeltierreihe wird uns noch mehrfach beschäftigen; denn sie stellen die Anlage für den bei den Säugetieren und besonders beim Menschen am stärksten entwickelten Hirnteil, das Großhirn dar.

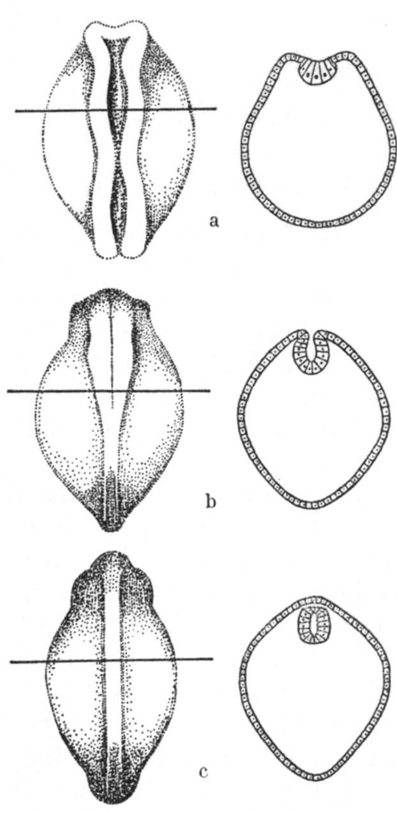

Abb. 1. Drei verschiedene, kurz aufeinander folgende Entwicklungsstadien eines Amphibienkeimlings. a) Die Haut senkt sich rinnenformig ein. b) Vor dem Schluß des Nervenrohres. c) Das Nervenrohr hat sich geschlossen und von der Haut abgelöst. Auf der linken Bilderreihe sind die Querschnittsebenen angegeben, denen die Bilder der rechten Reihe entsprechen.

Das zweite Bläschen macht eine sehr vielseitige Entwicklung durch. Das *Zwischenhirn* der Wirbeltiere zeichnet sich nämlich durch eigenartige Anhänge und Ausstülpungen aus, die mit zu den lebenswichtigsten Organen gehören bzw. bei manchen Tieren den Bau von Lichtsinnesorganen aufweisen. Auch die Augen und die Sehnerven entstehen entwicklungsgeschichtlich als Ausstülpungen des Zwischenhirns. Die Aufklärung seines feineren Baues und seiner Bedeutung für wichtige Lebensfunktionen stellt eines der zur Zeit am meisten bearbeiteten Gebiete der Gehirnforschung dar.

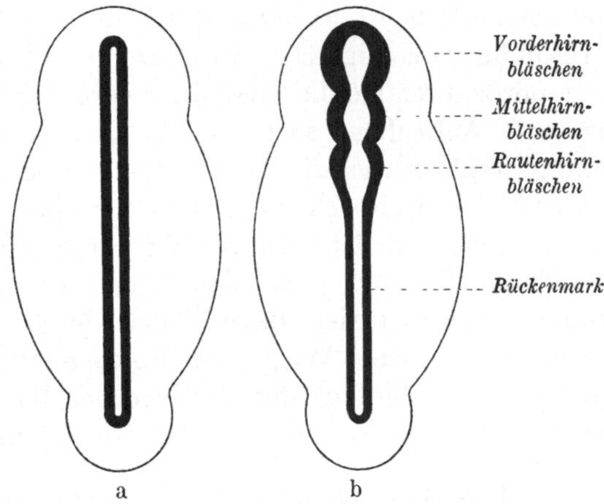

Abb. 2. Schematische Darstellung der Umbildung des Nervenrohres (a) zur Anlage von Gehirn und Rückenmark (b).

Das *Mittelhirn* bewahrt verhältnismäßig weitgehend die Röhrenform. Das sich anschließende *Kleinhirn* entwickelt sich sehr verschieden, je nach den Ansprüchen, die im Zusammenhang mit der Lebensweise eines Tieres an die für die Erhaltung des Gleichgewichts wichtige Kleinhirnfunktion gestellt werden. Mit zahlreichen Faltungen und Windungen kann es zum größten Abschnitt des ganzen Gehirns werden oder kann sich auch zu einem unbedeutenden Gebilde entwickeln bzw. so gut wie ganz fehlen.

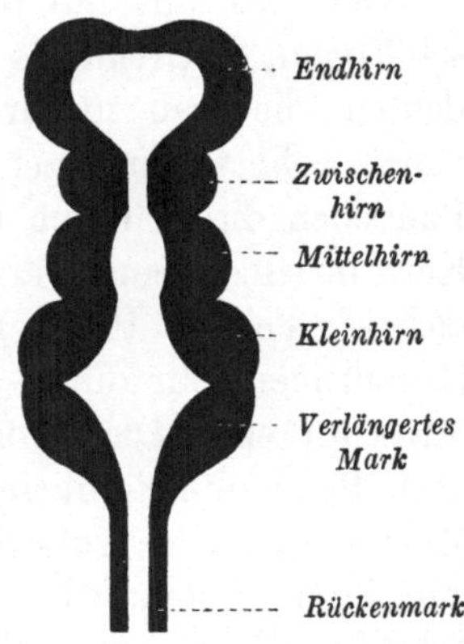

Abb. 3. Schematische Darstellung des Gehirns auf dem 5-Bläschen-Stadium.

Im Bereich des *verlängerten Marks*, das den Übergang des Gehirns zum Rückenmark bildet, öffnet sich das Nervenrohr nach oben. Die nach ihrer Gestalt so genannte Rautengrube ist hier nur von einem dünnen, nicht nervösen Häutchen bedeckt; sie setzt sich in den zentralen Kanal des röhrenförmigen Rückenmarks fort.

Die geschilderte Entwicklung der fünf Hirnabschnitte mit der Ausbildung mannigfacher Strukturen und Unterabschnitte ist nun nur dadurch möglich, daß die ursprünglich eingestülpte embryonale Außenhaut sich verdickt und in verschiedener Richtung weiterentwickelt. Wenn das Nervenrohr sich geschlossen hat, dann besteht es zunächst aus einer gleichartigen Schicht schmaler Zellen, die wie die Steine eines Pflasters aneinandergereiht sind (vgl. Abb. 1). In der weiteren Entwicklung vermehren sich diese Zellen durch Teilung und schlagen verschiedene Wege der Formgestaltung ein. Es kommt so zur Ausbildung der verschiedenen Bauelemente des Nervensystems: der Nerven- und der Gliazellen.

2. Die Bausteine des Nervensystems.

Die wichtigsten Bestandteile des Nervensystems sind die *Nerven-* oder *Ganglienzellen*. Sie sind die Träger der nervösen Vorgänge, der Reiz- und Erregungsleitung, des Gedächtnisses und der geistigen Funktionen.

Wenn wir uns mit dem feineren Bau dieser Gebilde beschäftigen, empfiehlt es sich, auch die *Methoden* kurz anzudeuten, die man zu ihrem Studium anwendet. Wir dürfen dabei wohl voraussetzen, daß der Leser sich aus früheren Bändchen dieser Reihe Kenntnisse über die Zelle und ihren Kern im allgemeinen verschafft hat. Es ist wohl auch bekannt, daß wir bei der Untersuchung von Zellen und Geweben der Organismen sehr dünne Schnitte zu verwenden gewohnt sind (etwa von einer Dicke von 5—20 μ; $1\,\mu = {}^1/_{1000}$ mm), die uns nach Behandlung mit geeigneten Färbungsmitteln unter dem Mikroskop reiche Aufschlüsse über den Feinbau der Organe und ihrer Bestandteile, der Zellen, gewinnen lassen. Solche Schnitte pflegen wir auch vom Nervensystem, etwa von einem Stückchen Gehirn eines Tieres oder einer menschlichen Leiche, herzustellen, und wir müssen uns nun entscheiden, was wir im besonderen sehen wollen. Denn manche Bestandteile der Nervenzellen können wir nur durch eine bestimmte Behandlung der Schnitte sichtbar machen, wodurch uns andere ent-

4

gehen. Wir können aber an verschiedenen Schnitten aus dem gleichen Stückchen Gehirn nacheinander verschiedene Methoden anwenden und die erhaltenen Resultate miteinander vergleichen.

Eines dieser Verfahren, das vor allem in der Erforschung der krankhaften Veränderungen des Zentralnervensystems eine große Rolle spielt, wurde von Nissl angegeben. Es besteht im wesentlichen in der Färbung der Schnitte mit einem bestimmten blauen Farbstoff (Thionin oder Toluidinblau), wobei nur gewisse Bestandteile des Zellkerns und schollenartige Gebilde im Zelleib, die *Nisslschollen* (Tigroidsubstanz), stark blau gefärbt erscheinen (Abb. 4a). Im übrigen bleibt die Zelle ziemlich ungefärbt. Von den Nervenzellen gehen Ausläufer aus, die wir zunächst nur so weit verfolgen können, als sie ebenfalls Nisslschollen eingelagert haben. Dies gilt für alle diese Zellfortsätze bis auf einen. Dieser letztere ist nur schwach blaß angefärbt, und er enthält keine Nisslschollen. Es ist dies der Hauptfortsatz der Nervenzelle (*Neurit* oder *Achsenzylinder*). Er bildet zusammen mit den Neuriten anderer Nervenzellen die Nervenstränge. Die schon genannten Fortsätze der Nervenzelle mit feinen Nisslschollen bezeichnen wir wegen ihrer vielfältigen Verzweigung als *Dendriten* (griechisch: Dendron = Baum). Im *Zellkern* fällt uns neben den färbbaren Teilchen, die an einem feinen Gerüst in einer farblosen Flüssigkeit aufgehängt erscheinen, ein kleines Kügelchen auf, das zwar bei anderen Zellen auch gefunden wird, für die Nervenzellen aber besonders charakteristisch ist und als kleiner Kern (Nucleolus) bezeichnet wird. Das ist alles, was wir mit dieser Methode sehen können.

Ein ganz anderes Bild erhalten wir, wenn wir eine Methode des Italieners Golgi anwenden, der für seine Entdeckungen den Nobelpreis erhielt. Es ist ein etwas verwickeltes Verfahren, das mit den Vorgängen auf der photographischen Platte bei der Belichtung, Entwicklung und Fixierung eine gewisse Verwandtschaft hat. Es beruht auf der launischen Bildung von Niederschlägen von Chromsilber auf der Oberfläche einzelner Zellen, während andere, und zwar die überwiegende Mehrzahl, im gleichen Schnitt von Chromsilberniederschlägen

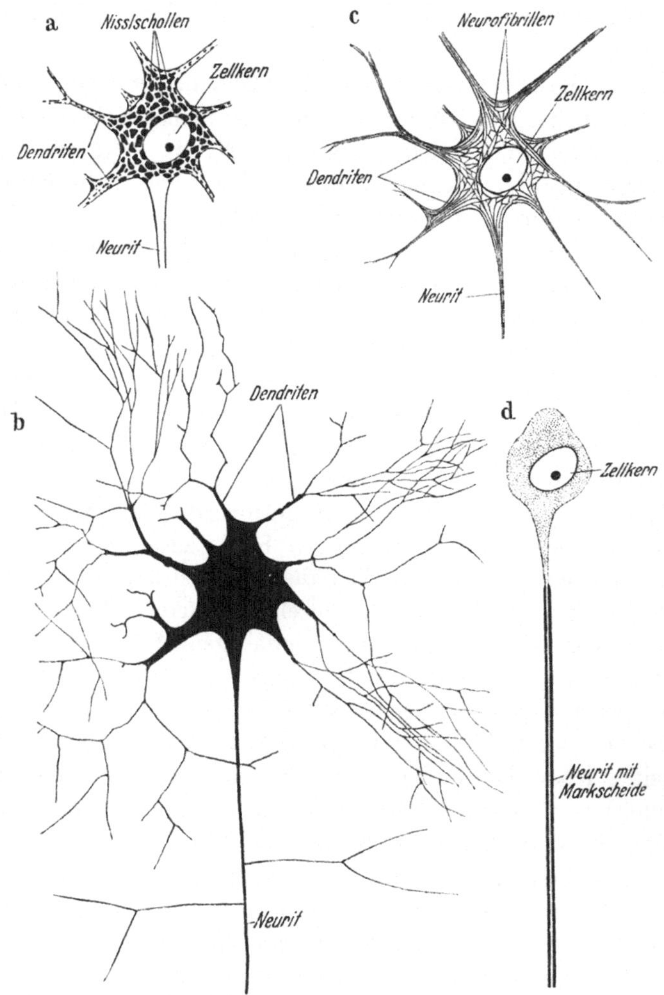

Abb. 4.   Die gleiche Nervenzelle bei Darstellung mit verschiedenen Methoden.
a) Nissls Methode.   Die Nissl-Schollen sind blau gefärbt.   b) Golgis Methode.   Die Silhouette der Zelle mit allen ihren Ausläufern erscheint schwarz.
c) Bielschowskys Methode.   Die Nervenfibrillen erscheinen als feine Fäden.
d) Weigerts Methode.   Nur die Markscheide des Neuriten ist blauschwarz
gefärbt, die Zelle erscheint gelblich, die Dendriten sind nicht sichtbar.

frei bleiben. Das hat den großen Vorteil, daß wir, ohne durch die zahlreichen sich miteinander verflechtenden Ausläufer der benachbarten Zellen gestört zu werden, eine Zelle mit all ihren Fortsätzen als schwarze Silhouette erhalten. Die gleiche Zelle, die bei der Nisslfärbung das in Abb. 4a dargestellte Bild bietet, würde nun nach der Behandlung mit der Golgischen Methode einen völlig andersartigen Eindruck vermitteln (Abb. 4b). Nun sehen wir vom Kern und den Nisslschollen überhaupt nichts mehr; alle Einzelheiten sind von dem schwarzen Silberniederschlag auf der Oberfläche der Zelle verdeckt. Dafür aber erkennen wir die Ausläufer in ihren einzelnen Verzweigungen. Diese Methode hat einer ganzen Epoche der Hirnforschung ihren Stempel aufgedrückt, und durch sie wurden unsere Kenntnisse vom feineren Bau des Nervensystems außerordentlich bereichert.

Eine andere Versilberungsmethode, die von Bielschowsky angegeben wurde, gibt wieder ein anderes Bild. In solchen Präparaten sehen wir nämlich im Zelleib und in den Ausläufern der Zellen feinste Fäden, die sich bis in die äußersten Verzweigungen aller Zellfortsätze verfolgen lassen (Abb. 4c). Wir haben hier die sog. *Nervenfibrillen* dargestellt, über deren Bedeutung wir später noch einiges hören werden (vgl. S. 107). Im Nisslpräparat bleiben sie für uns unsichtbar, während wir im Bielschowskypräparat von den Nisslschollen nichts mehr sehen. Die Nervenfibrillen nehmen also das Silber, aber nicht den blauen Farbstoff der Nisslschen Methode auf, und die Nisslschollen lassen sich nicht mit Silbersalzlösungen, wohl aber mit Teerfarben darstellen. Jeder, der weiß, was man durch Abwandlung des Entwicklungsvorganges aus der photographischen Platte herausholen kann, wird auch verstehen, wie man durch Anwendung verschiedener Verfahren Einzelheiten im Feinbau der Nervenzelle zur Darstellung bringen kann. Denken wir uns dann die Ergebnisse, die wir mit der Nisslschen und der Bielschowskyschen Methode erzielen, vereinigt, so können wir uns vorstellen, wie die Nervenfibrillen in der Zelle an den Stellen, die zwischen den Nisslschollen frei bleiben (vgl. Abb. 4a), durch die Zelle hindurchziehen.

Schließlich müssen wir noch eine Methode erwähnen, die die Nervenzellen nur schwach und undeutlich färbt. Sie läßt dafür aber eine bestimmte Hüllsubstanz fettiger Natur, die den Neuriten umgibt, um so deutlicher hervortreten (Abb. 4 d). Diese Hüllsubstanz nennen wir die *Markscheide*. Sie kommt den meisten Nervenfasern zu, aber nicht allen; es gibt auch marklose Nervenfasern. Die Markscheide umkleidet den Nerven bald nach seinem Abgang von der Zelle. Die Färbungsmethoden, die die Markscheiden darzustellen erlauben und deren wichtigste von W e i g e r t angegeben wurde, sind uns außer für das Studium dieser Hülle noch in anderer Hinsicht sehr wertvoll: Wir können mit ihrer Hilfe die Bahnen und Bündel von markhaltigen Nervenfasern im Gehirn und im Rückenmark verfolgen. Das meiste, was wir über den Verlauf der Nervenfasern wissen, verdanken wir den Markscheidenmethoden.

Zwischen die Nervenzellen mit ihren Fasern ist ein System von weiteren Zellen mit Ausläufern hineinverwoben, die *Glia*. Wir wollen uns hier nicht eingehender mit ihren verschiedenen Formen und den für ihre Darstellung erdachten Methoden beschäftigen. Es sei nur so viel bemerkt, daß wir allen Grund haben anzunehmen, daß die Gliazellen keine nervösen Aufgaben haben, sondern außer als Stützelemente bei der Ernährung der Ganglienzellen, beim Abtransport von Zerfallsstoffen u. dgl. eine wichtige Rolle spielen. Eine recht üble Eigenschaft haben diese Elemente auch: Bei der Mehrzahl der oft tödlich ausgehenden Fälle von Hirngeschwülsten beim Menschen handelt es sich um Gliome, d. h. um Wucherungen entarteter und gleichsam wild gewordener Gliazellen.

Schließlich enthält das Nervensystem ebenso wie die anderen Organe des tierischen Körpers *Blutgefäße*, die ihm die zum Leben notwendigen Stoffe zuführen.

Die Bausteine des Nervensystems kennen wir nun, und wir könnten darangehen, das Nervensystem des Menschen, das uns hier am meisten interessiert, zu zergliedern. Aber wie der Studierende der Technik nicht mit der Konstruktion einer modernen Dampfturbine sein Studium beginnt, sondern sich erst mit dem Aufbau einfacherer Maschinen vertraut macht,

so werden auch wir nicht gleich uns mit der verwickeltsten
Konstruktion, nämlich dem menschlichen Nervensystem, beschäftigen, sondern mit einfachen Stufen der Entwicklung,
die wir bei den niederen Tieren studieren können.

B. Das Nervensystem der Tiere.

1. Das Nervensystem der wirbellosen Tiere.

Die einfachsten Nervensysteme finden wir bei den sog.
Hohltieren *(Coelenteraten)*, die in großer Artenzahl die
Meere bevölkern, im Süßwasser aber nur durch einige unscheinbare Arten vertreten sind (Süßwasserpolypen). Hier ist
noch kein Gehirn entwickelt wie bei den höheren Tieren,
sondern die Nervenzellen bilden mit ihren Ausläufern ein den
Organismus durchsetzendes Netzwerk. Dieses reicht für die
Aufnahme der für das Tier wichtigen Reize (Licht, Berührung) und die Auslösung zweckentsprechender Reaktionen
(Ergreifen der Beute u. dgl.) völlig aus. Schon bei den
nächsthöheren Tierformen, nämlich den *Würmern*, wird dieses Netz an manchen Stellen verdichtet. Es kommt zu Ansammlungen von Nervenzellen, die wir *Ganglien* nennen. Damit bilden sich zum erstenmal Zentren der Nerventätigkeit,
in denen die von verschiedenen Sinnesorganen zufließenden
Erregungen verarbeitet und in Befehle an die peripheren
Organe der Bewegung, der Verteidigung usw. umgesetzt
werden. So arbeiten auch die letzteren zweckentsprechend
zusammen und vermögen den Gesamtorganismus etwa aus
einem Gefahrenbereich zu führen oder ihn in die Nähe der
Nahrung zu bringen. Mit dieser Ausbildung von nervösen
Zentren in Gestalt der genannten Ganglien und von Leitungsbahnen zwischen den Zentren und den Erfolgsorganen (Muskeln, Drüsen usw.) sind die Grundlagen für eine höhere
Nerventätigkeit gelegt. Schon die wirbellosen Tiere erreichen
in manchen ihrer Vertreter recht bemerkenswert hoch entwickelte Nervensysteme, so etwa die *Insekten* oder die *Tintenfische* unter den Mollusken (Abb. 5). Im einzelnen können

wir aber hier auf das Nervensystem der wirbellosen Tiere
nicht eingehen; zu vielseitig und schwer überblickbar ist seine

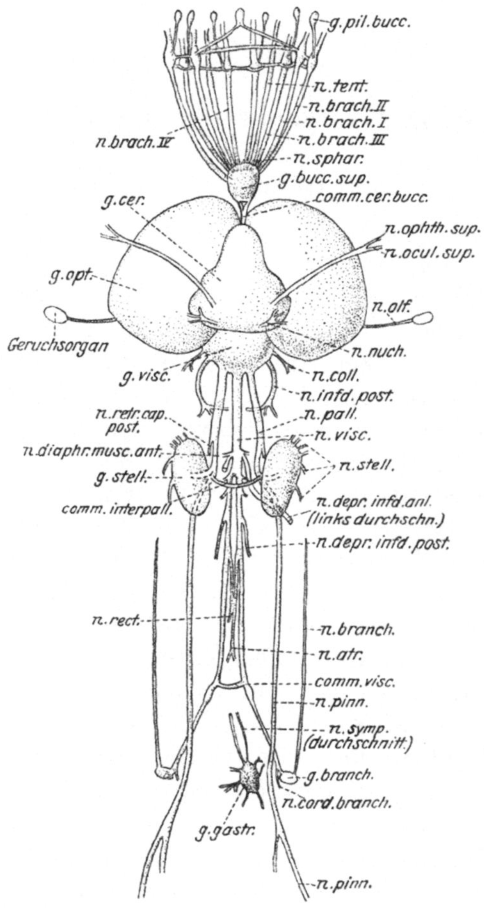

Abb. 5a.   Das Nervensystem eines Tintenfisches (Loligo marmorae).
g. cer. = Hirnganglion. *g. opt.* = Sehganglion. Die übrigen Bezeichnungen
der Ganglien und Nerven interessieren hier nicht weiter.

Abb. 5a u. b.   Das Nervensystem einiger wirbelloser Tiere.

Ausbildung bei den einzelnen Gruppen. Auch können wir kaum
Vergleiche ziehen zwischen dem Nervensystem wirbelloser

Tiere und den Verhältnissen bei den Wirbeltieren, die uns
sehr viel näher angehen.

2. Das Nervensystem der Wirbeltiere.

Schon das Nervensystem der *Fische*, die in der Stufen-
leiter der Wirbeltiere am tiefsten stehen, ist recht verwickelt
aufgebaut. Je nach der Art, die wir untersuchen, weist es in
der Gestaltung seiner äußeren Form große Verschiedenheiten
auf. Wir gehen hier auf die sehr interessanten Rundmäuler

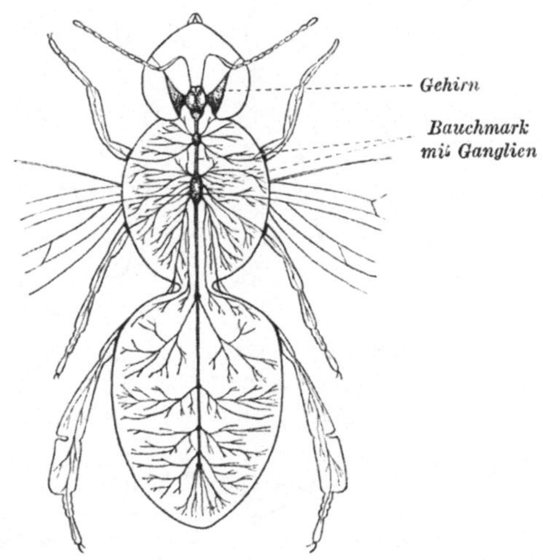

Abb. 5 b.   Das Nervensystem der Honigbiene.

(Cyclostomen), die Haie und Rochen *(Elasmobranchier)*, die
Lungenfische *(Dipnoer)* und die Störartigen *(Ganoiden)*
nicht ein und beschränken uns auf die eigentlichen Knochen-
fische *(Teleostier)*. Zu diesen gehören die uns geläufigen Arten wie der Goldfisch, die Schleie, der Hering und so viele
andere. Sehen wir uns das Gehirn etwa einer Forelle von
oben, von unten und von der Seite an (Abb. 6), so können
wir deutlich die schon genannten Hauptabschnitte des Wirbeltiergehirns erkennen: Vorderhirn, Zwischenhirn, Mittelhirn,
Kleinhirn und verlängertes Mark, das den Übergang des Gehirns zum Rückenmark bildet.

Betrachten wir uns diese Abschnitte im einzelnen etwas genauer, so tritt uns im *Vorderhirn* noch kein allzu verwickelt gebauter Gehirnteil entgegen. Hier enden die aus dem Riechorgan, d. h. also der Nase, kommenden Nervenfasern. Die Geruchseindrücke werden im Vorderhirn aufgenommen,

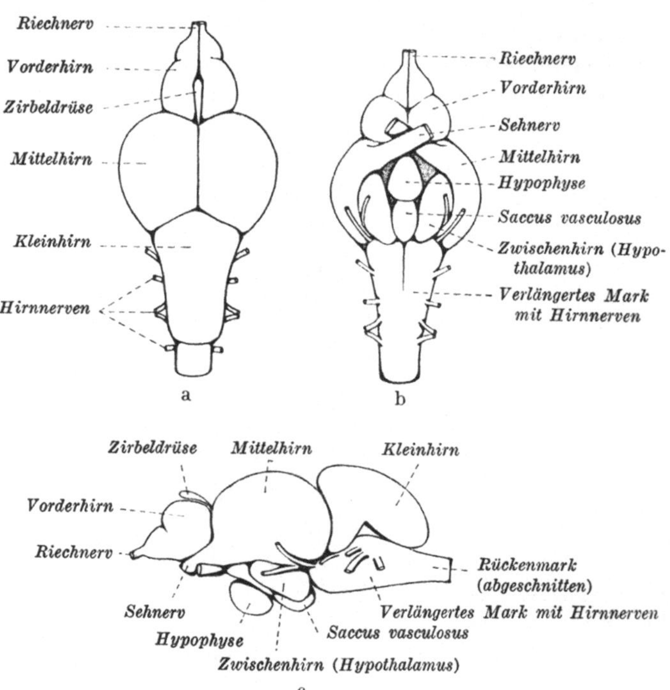

Abb. 6. Das Gehirn der Forelle. a) Von oben. b) Von unten. c) Von der Seite.

für länger oder kürzer gemerkt, an andere Zellgruppen auf dem Wege über Verbindungsbahnen weitergegeben und verwertet. Das Vorderhirn der Fische ist also in erster Linie Riechhirn. Wir behalten die Entwicklung des Vorderhirns in der aufsteigenden Wirbeltierreihe besonders im Auge, denn es macht eine Reihe sehr wichtiger Umwandlungen durch. Der nächste Abschnitt, das *Zwischenhirn*, ist nicht leicht zu verstehen. Die dünne Decke von Zellen, die in einschichtiger Lage das Vorderhirn überdeckt, faltet sich über dem

Zwischenhirn vielfach, und so entstehen einige eigenartige Gebilde. Ein Teil dieser Decke stülpt sich nämlich in den Zwischenhirnhohlraum als ein blutgefäßreicher Knäuel vor und hängt gleichsam in diesen hinein. Diese so entstehenden zottenartigen Knäuel *(Plexus chorioidei)* haben eine große Bedeutung: Sie sondern die Flüssigkeit ab, die alle Hohlräume des Gehirns erfüllt *(Liquor cerebrospinalis)* und über die wir später noch genaueres erfahren werden. Ein anderer Teil der beschriebenen Zwischenhirndecke faltet sich zu einem drüsigen Organ *(Zirbeldrüse, Epiphyse)*, das wir in Abb. 6 angedeutet sehen. Diese Gebilde bedecken die Oberseite des Zwischenhirns, dessen Hauptmasse der sogenannte Thalamus bildet. Über seine Bedeutung werden wir bei der Schilderung des menschlichen Gehirns noch einiges hören. An der Unterseite des Zwischenhirns hängt eine kleine, aber sehr mächtige Drüse, die *Hypophyse* (vgl. S. 56). Ein großer Teil der Fische, aber nicht alle, besitzen noch einen weiteren Anhang hinter der Hypophyse, der sehr reich an Blutgefäßen ist *(Saccus vasculosus)*. Seine Bedeutung ist noch nicht recht klar; manche halten das Gebilde für eine Art von Sinnesorgan zur Wahrnehmung des Wasserdruckes, das dem Fisch die Feststellung der Tiefe, in der er sich befindet, ermöglichen soll. Ausreichend begründet ist aber diese Behauptung bis heute noch nicht.

Im Zwischenhirn treten auch die Sehnerven ins Gehirn ein. Sie enden aber nicht hier, sondern ziehen weiter in den nächsten Abschnitt, das *Mittelhirn*. Hier können wir auf dem Querschnitt zwei Abschnitte unterscheiden, einen über und einen unter dem Hohlraum *(Ventrikel)* liegenden. Man nennt den oberen das Mittelhirndach *(Tectum)*, den unteren wollen wir die Mittelhirnbasis nennen. Das Dach weist eine recht verwickelte Struktur auf. Das wundert uns nicht allzusehr, wenn wir erfahren, daß hier die Sehnervenfasern enden. In der Netzhaut des Auges haben wir ja zahllose Sinneszellen, die nach mannigfachen Umschaltungen auf mehrere Schichten von Nervenzellen schließlich durch ein dickes Bündel von Nervenfasern, den Sehnerven, ihre dauernd wechselnden Eindrücke von Licht und Farbe dem Gehirn übermitteln. Die Stelle, wo diese Eindrücke zuerst empfangen werden, ist das Mittelhirndach. Und da die Meldungen des Auges für den Organismus im ganzen von großer Bedeutung sind, ist ein gewaltiger Stab von Nervenzellen bereit, diese Meldungen zu notieren und an andere Teile des Gehirns weiterzugeben. Vom Mittelhirndach gehen deshalb zahlreiche Bahnen aus, und die vielfältigen Verknüpfungen und Schaltungen bedingen eine besonders verwickelte Struktur. In der Mittelhirnbasis finden wir eine Reihe von Nervenzellgruppen, deren Bedeutung im einzelnen bei den Fischen noch wenig geklärt ist. Von diesen sind uns nur Gruppen von großen Nervenzellen im mittleren Gebiet des ganzen Abschnittes auch nach ihrer Funktion wohl bekannt. Die Neuriten (vgl. S. 5) dieser Zellen ziehen zum Auge, und zwar zu den Muskeln, die den Augapfel bewegen. Das ist eine wichtige Aufgabe, zumal für einen Fisch, der keinen beweglichen Hals hat. Wenn also beispielsweise bei einem Hecht, der ruhig im Wasser steht, die Augen sich bald nach vorne, bald nach hinten wenden, dann fließen dauernd aus diesen Mittelhirnkernen Befehle zu den Augenmuskeln, um deren Zusammenarbeit zu überwachen.

Der vierte Abschnitt des Gehirns, das *Kleinhirn*, ist bei den Fischen besonders gut entwickelt. Das ist wohl begreiflich, denn als Schwimmer müssen sie ihr Gleichgewicht zu erhalten wissen, und das Kleinhirn stellt das wichtigste Zentrum für die Erhaltung des Gleichgewichts dar. Beim Fisch wird ja nicht durch die Lage seines Schwerpunktes die Normalstellung mit dem Rücken nach oben erhalten. Es ist allgemein bekannt, daß bei toten Fischen der Bauch nach oben gekehrt ist, und so muß der Fisch im Leben dauernd durch Steuerung mit den Flossen seine Lage im Wasser aufrechterhalten und korrigieren. Die Reize dafür fließen ihm aus dem inneren Ohr zu; ihre Verarbeitung und Weitergabe an die Muskeln der Flossen usw. besorgt das Kleinhirn. Aber auch aus den Muskeln und Gelenken erhält das Kleinhirn durch besondere Nerven Mitteilungen über die Lage der Flossen und den Spannungszustand der Muskeln, und je nach den Anforderungen können dauernd Korrekturen vorgenommen werden, so daß die richtige Lage des Tieres im Raum gesichert ist.

Aber das Kleinhirn bekommt die Mitteilungen nicht direkt aus den Gleichgewichtsorganen, sondern die Nervenfasern aus den Sinneszellen des Gleichgewichtsorganes enden an vorgelagerten Schaltstellen im *verlängerten Mark (Medulla oblongata)*. Hier liegen auch andere wichtige Zentren, nämlich die sogenannten *Hirnnervenkerne*. Unter Hirnnervenkernen verstehen wir Gruppen von Ganglienzellen, an denen die Fasern der in das Gehirn eintretenden großen Nervenstämme enden. So endet hier der Hörnerv und der Nerv für die Tastempfindungen im Bereich der Kopfhaut. Den Fischen ist weiterhin ein besonderes Sinnesorgan eigen, das zur Wahrnehmung von Wasserströmungen dient: die Organe der Seitenlinie. Auch ihr Nerv endet im verlängerten Mark. Es gibt schließlich Fische, die elektrische Schläge austeilen können; die dafür ausgebildeten Organe haben ihre zugehörigen Zentren ebenfalls im verlängerten Mark. Viele solcher Zentren könnten noch aufgezählt werden, die alle im verlängerten Mark ihren Sitz haben, und so brauchen wir uns nicht zu wundern, wenn dieser Gehirnabschnitt so sehr verwickelt gebaut ist. Durch das verlängerte Mark ziehen all die Bahnen, die Befehle an die Nervenzellen des Rückenmarks übermitteln und die aus dem Rückenmark aufsteigend den Zentren des Gehirns die Reize zuleiten, die von den Sinnesorganen der Haut, des Körpers und der inneren Organe aufgenommen werden.

Das verlängerte Mark geht an seinem hinteren Ende allmählich in das *Rückenmark* über, das noch am meisten dem ursprünglichen Nervenrohr ähnelt. Nur die Wände des Rohres sind vielschichtig und dick geworden, aber der zentrale Hohlraum ist als sogenannter *Zentralkanal* erhalten geblieben. Zwei wichtige Zonen können wir im Rückenmark der Wirbeltiere sehr viel klarer als im Gehirn unterscheiden, eine dorsale und eine ventrale. Die dorsale Hälfte, d. h. die der Rückenseite des Tieres entsprechende, ist die *sensible*. Hier treten die Nerven aus der Haut, den Muskeln und den inneren Organen des Körpers ins Zentralnervensystem ein. Es sind dies reizzuführende und Empfindungen vermittelnde Nervenfasern, deren zugehörige Zellen in knötchenförmigen Anschwellungen *(Spinalganglien)* der Nerven außerhalb des Rückenmarks liegen. Diese Nervenfasern enden in der dorsalen Rückenmarkshälfte an den dort liegenden Nervenzellen, deren Fortsätze dann zum Gehirn aufsteigen. Die vordere, ventrale, d. h. der Bauchseite des Tieres zugewandte Rückenmarkshälfte enthält in erster Linie Nervenzellen, von denen Fasern für die Organe des Körpers ausgehen. Diese *motorischen (effektorischen)* Nerven ziehen also zu den Muskeln und übermitteln diesen die Botschaften aus Gehirn und Rückenmark, wodurch Bewegungen und dergleichen ausgelöst werden. Die eintretenden und austretenden Nerven nennen wir auch Nervenwurzeln, und wir unterscheiden hintere und vordere Nervenwurzelpaare, die aus dem Rückenmark, entsprechend der Zahl der Wirbel der Wirbelsäule, austreten. Wir werden auf diese Dinge bei der Besprechung des menschlichen Nervensystems noch zurückkommen. Grundsätzlich sind aber die Verhältnisse bei allen Wirbeltieren gleich, und was hier von den Fischen geschildert wurde, gilt auch für die Amphibien, Reptilien, Vögel und Säugetiere.

Das periphere Nervensystem der Fische, d. h. die zu den Organen der Peripherie (Muskeln, Drüsen usw.) ziehenden Nerven hier zu besprechen, würde zu weit führen. Dies gilt in gleicher Weise für die übrigen Wirbeltiere. Wir müssen uns darauf beschränken, die wichtigsten Nervenstränge des menschlichen Körpers an anderer Stelle zu schildern.

Das Gehirn der *Amphibien* (Abb. 7) ist wesentlich einfacher als das der Fische. In der Reihenfolge der Wirbeltierklassen stehen zwar die Amphibien über den Fischen, aber in der Gehirnentwicklung weisen sie erheblich primitivere Züge auf.

Uns interessiert bei den Amphibien in erster Linie das *Vorderhirn.* Es ist zwar noch recht einfach gebaut, aber es enthält schon die Grundbestandteile des Vorderhirns der höheren Wirbeltiere. Wir finden zwei geschlossene Hemisphären (vgl. S. 2), in deren dorsalen, d. h. oberen An-

teilen wir die Vorläufer der späteren Großhirnrinde zu sehen
haben, während die ventralen Bezirke sich zu einem wichtigen
Zentrum, dem Vorderhirnganglion, entwickeln. Wir erwähnen diese Begriffe hier erstmals nur und werden uns bei der
Beschreibung des menschlichen Gehirns wieder daran er-

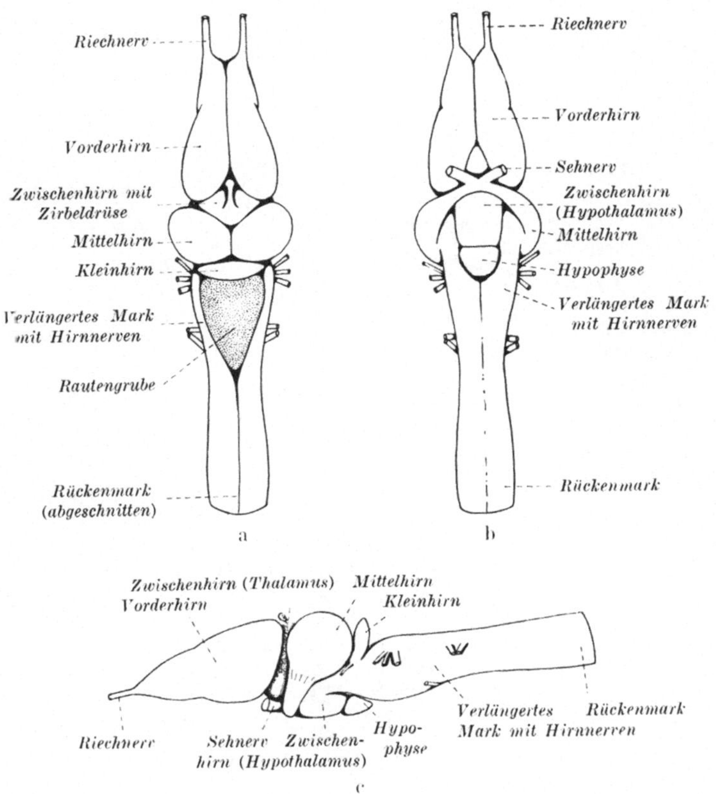

Abb. 7. Das Gehirn des Frosches a) Von oben b) Von unten. c) Von der Seite.

innern (S. 52), daß wir den Vorläufern der betreffenden
Hirnteile schon bei den Amphibien begegnet sind.

Auf das Zwischen- und Mittelhirn wie auch auf die Medulla oblongata und das Rückenmark brauchen wir nach dem,
was bei den Fischen gesagt wurde, nicht mehr einzugehen.
Auch bezüglich des *Kleinhirns* können wir uns kurz fassen.

Wir finden es verschieden ausgebildet: Der Laubfrosch, der beim Besteigen seiner Leiter, wenn es gilt gutes Wetter anzuzeigen, schwindelfrei sein muß und in der Natur auch

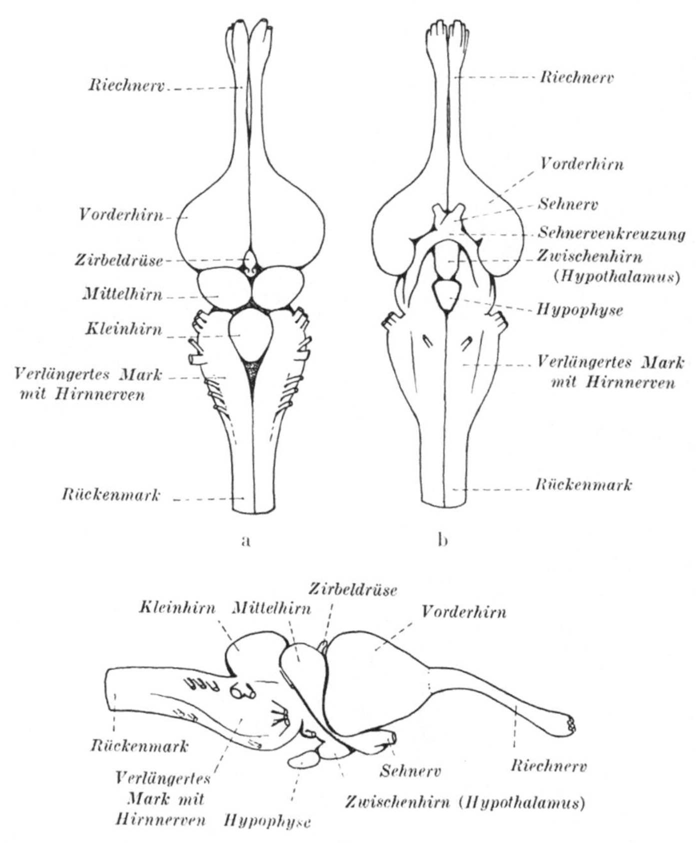

Abb 8   Das Gehirn des Alligators. a) Von oben. b) Von unten.
c) Von der Seite.

gerne in den Zweigen herumturnt, stellt höhere Anforderungen an seinen Gleichgewichtssinn als der Feuersalamander, der am Boden herumkriecht. Das Kleinhirn des Laubfrosches ist dementsprechend auch wesentlich besser entwickelt als das des Salamanders.

Bei den *Reptilien*, also den Eidechsen, Schlangen, Kroko-
dilen usw. können wir einen mächtigen Schritt in der Höher-
entwicklung des Gehirns, besonders des Vorderhirns, feststellen (Abb. 8). Ein Querschnitt durch das *Vorderhirn*
(Abb. 9) zeigt uns die beiden Hemisphären mit ihren Hohlräumen, den Ventrikeln, an deren Herleitung vom ursprünglichen Hohlraum des Nervenrohres erinnert sei (vgl. S. 2).
Wir können hier erstmals eine *Vorderhirnrinde* deutlich vom
Vorderhirnganglion abgrenzen. Die Rinde läßt eine bestimmte
Anordnung der Nervenzellen erkennen, derart, daß sich

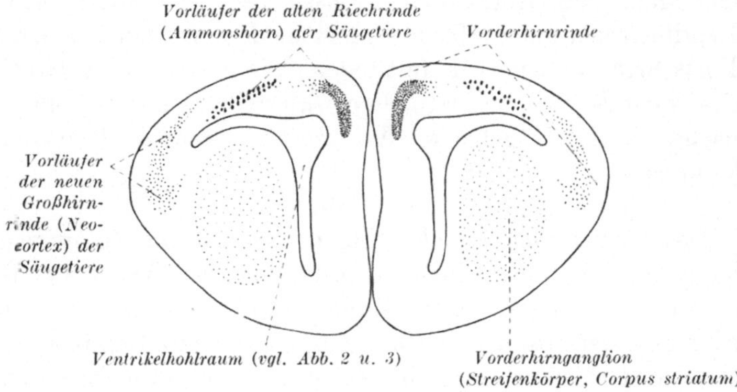

Abb. 9. Querschnitt durch das Vorderhirn einer Eidechse.
Vergrößert, vereinfacht

Schichten herausbilden, in denen Nervenzellen von ähnlicher
Art und Größe dichter beisammenliegen. Diese Vorderhirnrinde der Reptilien treffen wir bei den Säugetieren wieder
an; sie stellt dort die alte Rinde dar im Gegensatz zu einer
neu hinzugekommenen, den Säugern eigentümlichen Hirnrinde (vgl. S. 22). Auch das Vorderhirnganglion ist gewachsen; wir nennen es den Streifenhügel *(Corpus striatum)*,
warum, werden wir noch hören.

Bei den Reptilien leistet sich das Zwischenhirn die Beson-
derheit, bei bestimmten Vertretern ein nach oben gerichtetes
Auge zu entwickeln. So finden wir bei Eidechsen, Blind-
schleichen usw. am Schädeldach ein helles Fleckchen, den sogenannten Scheitelfleck. Untersuchen wir diese Gegend auf

mikroskopischen Schnitten genauer, so finden wir ein augenähnliches Gebilde mit Linse und Netzhaut, das durch einen Stiel mit dem Zwischenhirn verbunden ist. Diese Tiere besitzen also außer den seitlichen Augen, die wie bei allen übrigen Wirbeltieren ausgebildet sind, noch ein drittes, das *Stirn-* oder *Parietalauge.* Über seine Bedeutung weiß man noch nicht viel. Im übrigen finden wir bei den Reptilien die gleichen Zwischenhirnabschnitte, wie wir sie später beim Menschen antreffen werden.

Die weiteren Abschnitte: Mittelhirn, Kleinhirn, Medulla oblongata und Rückenmark weisen bei den verschiedenen Reptilienarten mannigfache Unterschiede auf. Manchen neuen Fortschritt können wir feststellen, wie das erste Auftreten des roten Kerns, die erstmalige Unterteilung des Mittelhirndaches in vier Hügel usw. Wir werden darauf noch zurückkommen.

Das Gehirn der *Vögel* (Abb. 10) weicht im Zusammenhang mit der aufrechten Kopfhaltung der Vögel in der gegenseitigen Lage seiner Hauptabschnitte stark von dem Bild des Gehirns der Fische, Amphibien und Reptilien ab. Das Vorderhirn ist mächtig entwickelt, und zwar ist es das Vorderhirnganglion, der Streifenkörper *(Corpus striatum,* vgl. S. 52), auf dessen Rechnung die Größe des Vorderhirns in erster Linie zu setzen ist. Die Rinde weist gegenüber den Verhältnissen bei den Reptilien nur unbedeutende Fortschritte auf.

Dadurch, daß der Schädel bei den Vögeln einen rechten Winkel mit der Wirbelsäule bildet, und andererseits Vorderhirn und Kleinhirn mächtig entwickelt sind, werden Zwischenhirn und Mittelhirn gegeneinandergestaucht und überdecken sich. So kommt es, daß das Mittelhirndach aus seiner dorsalen Lage verdrängt wird. Es ist bei den Vögeln, die sehr gut sehen, stark entwickelt und tritt jederseits vom Zwischenhirn als ein halbkugeliges Gebilde in Erscheinung. Das Zwischenhirn muß bei diesem Raummangel am meisten nachgeben. Daß das Kleinhirn, die Zentralstelle für die Aufrechterhaltung des Gleichgewichts bei den Vögeln aus-

gezeichnet entwickelt ist, bedarf keiner näheren Erklärung
mehr.

Medulla oblongata und Rückenmark zeigen keine uns hier
interessierenden Besonderheiten.

Alle bisher besprochenen Wirbeltiere, die Fische, Amphibien, Reptilien und Vögel stehen den *Säugern* außer in an-

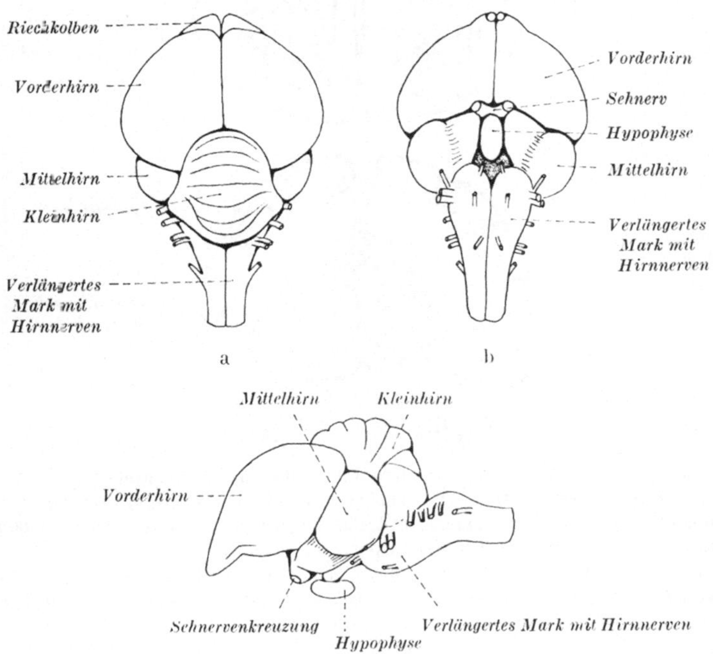

Abb. 10. Das Gehirn der Haustaube. a) Von oben. b) Von unten.
c) Von der Seite.

deren Punkten vor allem darin gegenüber, daß bei diesen
sich ein neuer Gehirnteil entwickelt, dem die Säuger und
schließlich der Mensch ihre geistige Überlegenheit gegenüber
den anderen Wirbeltieren verdanken. Es ist dies das *Großhirn*.
Neu heißt hier: Im Rahmen des Grundbauplans der Wirbeltiere und entwickelt aus Anlagen, die wir schon bei
den Amphibien, Reptilien und Vögeln angedeutet finden. Aber

eben doch nur angedeutet, und das Schema der Abb. 11 zeigt, in welchem Verhältnis dieser neue Hirnabschnitt zum übrigen Vorderhirn steht. Das sich entwickelnde *Großhirn* überwuchert in der aufsteigenden Säugerreihe alle anderen Hirnanteile so, daß man diesen, aus einem kleinen Bezirk des

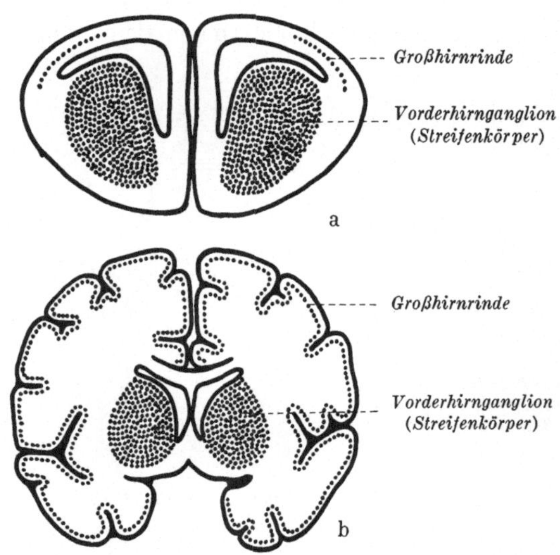

Abb. 11. Die Entwicklung der Großhirnrinde. a) Querschnitt durch das Vorderhirn eines Reptils. Die Anlage des Neocortex (Großhirnrinde) der höheren Tiere ist durch eine Punktreihe angedeutet Unter dem Ventrikel die Vorderhirnganglien (Streifenkorper). b) Querschnitt durch das Vorderhirn eines hochentwickelten Saugetiers. Die Großhirnrinde (punktiert) überwuchert das ganze Vorderhirn. Abb 11a ist im Verhaltnis zu Abb 11b zu groß gezeichnet.

Vorderhirns hervorgegangenen Abschnitt dem ganzen übrigen Gehirn als dem *Hirnstamm* gegenüberstellt (Abb. 12). Diese Gegenüberstellung ist nicht nur anatomisch, sondern auch physiologisch begründet. Im Hirnstamm sind alle die alten, die Lebensvorgänge bei Mensch und Tier im Grunde in gleicher Weise beherrschenden Nervenzentren lokalisiert, während sich im Großhirn die übergeordnete, höhere Nerventätigkeit abspielt.

Im Zusammenhang mit der Großhirnentwicklung, die von den tieferstehenden Säugern, wie den Beuteltieren (z. B.

Känguruh) und den Insektenfressern (z. B. Maulwurf) bis
zu den Raubtieren und Affen fortschreitet, nehmen aber auch
Stammhirngebiete an Größe und Differenzierung zu. Dies
gilt z. B. für den *Thalamus* (S. 54), der gegenüber den bisher geschilderten Wirbeltieren bei den Säugern mächtig an
Größe zunimmt und auch reicher in Unterabschnitte ge-
gliedert erscheint. Das gleiche trifft in noch höherem Grade

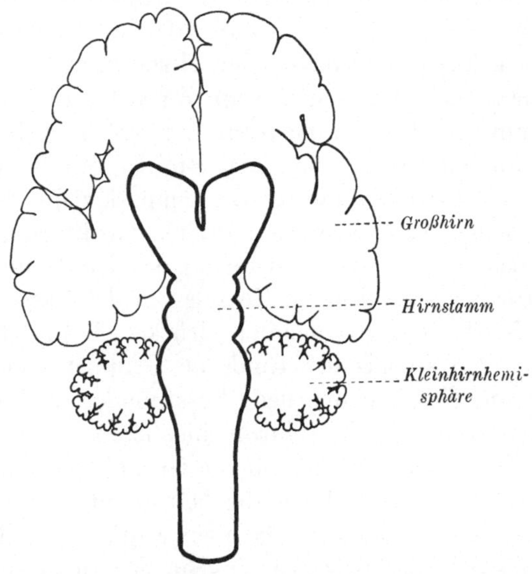

Abb. 12. Verhältnis des Neuhirns (Großhirnrinde und Kleinhirnhemisphären)
zum Althirn (Hirnstamm) beim Menschen. Schematisch dargestellter
Flachschnitt durch das menschliche Gehirn.

für das Kleinhirn zu. Noch bei den Vögeln fanden wir es als
einen durch Querfurchen in eine Reihe von Windungen unter-
teilten Wulst mit zwei seitlichen Anhängseln (Abb. 10, S. 21).
Bei den Säugern kommt nun zu diesem Wulst noch jederseits eine mächtige Hemisphäre hinzu. Diese bilden das Neu-
Kleinhirn entsprechend den neu hinzugekommenen Großhirnhemisphären. Wir werden deshalb auch das Kleinhirn
gesondert vom Hirnstamm behandeln, da es, zumal beim Menschen, ebenso wie das Großhirn einen anatomisch selbstän-
digen Abschnitt bildet, der zum ganz überwiegenden Teil

neueren Datums ist. Ferner entwickelt sich neben dem alten, großzelligen roten Kern der Mittelhirnhaube (S. 59) ein kleinzelliger neuer Anteil, der beim Menschen seine stärkste Ausbildung erfährt. Ganz ähnlich werden die Oliven (S. 47 und 62), Zellansammlungen im verlängerten Mark, durch das Hinzutreten von Abschnitten, die den neuen Kleinhirnhemisphären zugeordnet sind, vergrößert.

Durch die Ausbildung des Großhirns treten auch eine Reihe neuer Nervenbahnen auf, die aus der Großhirnrinde zu tiefergelegenen Gebieten im Hirnstamm und Rückenmark ziehen oder umgekehrt vom Rückenmark und vom Hirnstamm zur Rinde aufsteigen. Eine solche Bahn ist z. B. die Pyramidenbahn (S. 69), die von der Rinde des Großhirns durch den Hirnstamm ins Rückenmark zieht. So führen auch die neuen Verbindungen zwischen Großhirn und Kleinhirn bei den Säugern zum Auftreten eines dem Gehirn der übrigen Wirbeltiere mangelnden Gebildes an der Basis des verlängerten Marks, der sogenannten Brücke (S. 48). In der Brücke enden Fasern aus der Rinde an Gruppen von Nervenzellen, und von diesen ziehen neue Faserbündel zu den Nervenzellen in der Rinde der Kleinhirnhemisphären.

Wir weisen hier nur auf die Grundlinien dieser Umgestaltung hin und erwähnen die betreffenden Hirnabschnitte in Kürze, um sie in den folgenden Kapiteln an Hand der Verhältnisse beim Menschen eingehender zu besprechen. Es ist ja auch nicht nötig, daß der Leser sich mit den Einzelheiten der vergleichenden Hirnanatomie und der Lehre von der stammesgeschichtlichen Entwicklung des Nervensystems belastet. Man muß nur bei der Betrachtung der menschlichen Verhältnisse im Auge behalten, daß Bau und Lage der beim Menschen zu schildernden Gebilde vielfach nur vom vergleichenden Standpunkt aus verstanden werden können. Der Aufbau des menschlichen Gehirns ist nichts unverständlich Gegebenes und nichts grundsätzlich Besonderes. Es hat sich aus einfachen Vorstufen entwickelt und weist alte Anteile auf, die wir ähnlich gebaut und von ähnlicher Bedeutung bis zu den Fischen zurückverfolgen können. Neuerwerbungen jüngeren Datums, die bei den Vögeln oder bei den Säugetieren erstmals auftreten, lassen sich von den stammesgeschichtlich älteren Anteilen des Gehirns abgrenzen. Wer vom Nervensystem nur das Gehirn des Menschen kennt, versteht davon soviel wie ein Kunstkenner von der Gotik, der nur die Spätgotik studiert und von den vorausgegangenen Entwicklungsstufen nichts weiß. Aus diesem Grunde werden wir in der folgenden Darstellung des menschlichen Nervensystems häufig an die Verhältnisse bei den Tieren anknüpfen und wissenswerte Einzelheiten aus der Anatomie des Säugergehirns zusammen mit der Schilderung des Menschengehirns abhandeln.

C. Das Nervensystem des Menschen.

I. Das zentrale System.

1. Das Großhirn.

Unsere vergleichenden Betrachtungen haben uns gelehrt, im Gehirn der Säugetiere zu unterscheiden zwischen dem *Althirn*, d. h. dem Hirnstamm, und dem *Neuhirn*, d. h. der erst den Säugern und dem Menschen zukommenden Großhirnrinde (einschließlich der Kleinhirnhemisphären). Auch haben wir gehört, daß in der aufsteigenden Säugerreihe von den ursprünglichen Tierformen, wie den Beuteltieren, den Insektenfressern und den Nagern bis zu den höheren, den Raubtieren, Affen usw., diese Großhirnrinde, die wir auch als *Neocortex* (Neurinde) bezeichnen, an Ausdehnung gewinnt. Sie nimmt so zu, daß sie nicht nur eine beträchtliche Dicke aufweist und damit eine große Anzahl von Nervenzellen enthält, sondern sie legt sich auch in Falten und Windungen und gelangt dabei an manchen Stellen auch in tiefere Partien des Gehirns. Wie bei einem geschrumpften Apfel die Haut zu groß ist und sich deshalb allenthalben faltet, so ist auch die Großhirnrinde des Menschen und der meisten Säugetiere verhältnismäßig zu groß, und es kommt das uns geläufige Bild der windungs- und furchenreichen Gehirnoberfläche zustande (Abb. 13). Den größeren Teil des Schädelinnenraumes nimmt beim Menschen das Großhirn ein

(Abb. 14), und nur bei der Betrachtung von der Seite sehen wir auch etwas vom Kleinhirn und vom verlängerten Mark.

Man hat mit verschiedenen Methoden die gesamte *Oberfläche der Großhirnrinde* gemessen, also einschließlich der Oberfläche der in die Tiefe versenkten Rindengebiete. Man fand

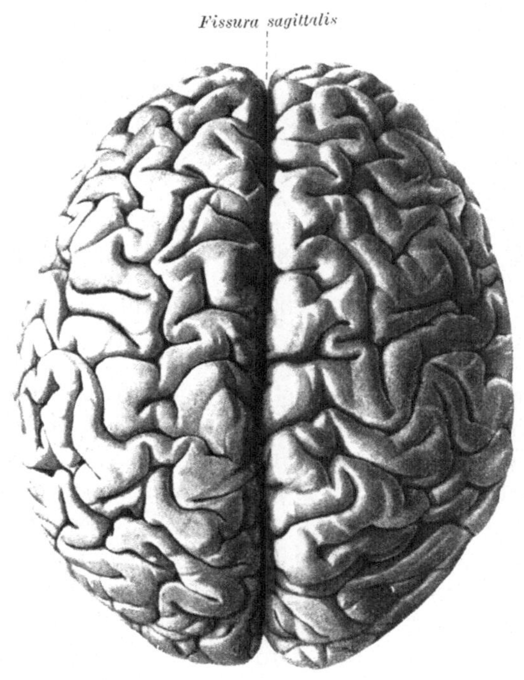

Abb. 13. Menschliches Großhirn von oben gesehen Zahlreiche Windungen und Furchen. Das Großhirn überdeckt den ganzen Hirnstamm und das Kleinhirn Vgl. Abb. 15.

(Henneberg, zitiert nach Economo-Koskinas) 222 600 qmm Gesamtoberfläche des menschlichen Großhirns, wovon $1/3$ auf die freie Oberfläche, $2/3$ auf die in den Furchen verborgene Oberfläche entfallen. Die Oberflächengröße ist durchaus nicht für die geistige Höhe einer Rasse kennzeichnend; man fand für Hottentotten und Javaner höhere Zahlen als für Europäer. Dagegen ist die Rindenoberfläche des Orang-Utan mit 54 000 qmm wesentlich geringer als die des Menschen.

Mit der Untersuchung des feineren Baues dieser Rinde sind
seit vielen Jahren ganze Institute beschäftigt, und doch sind
wir über vieles noch im unklaren. Was wir hier freilich davon
mitteilen können, verhält sich zu dem, was darüber in wissenschaftlichen Werken mitgeteilt wurde, wie der Geographie-

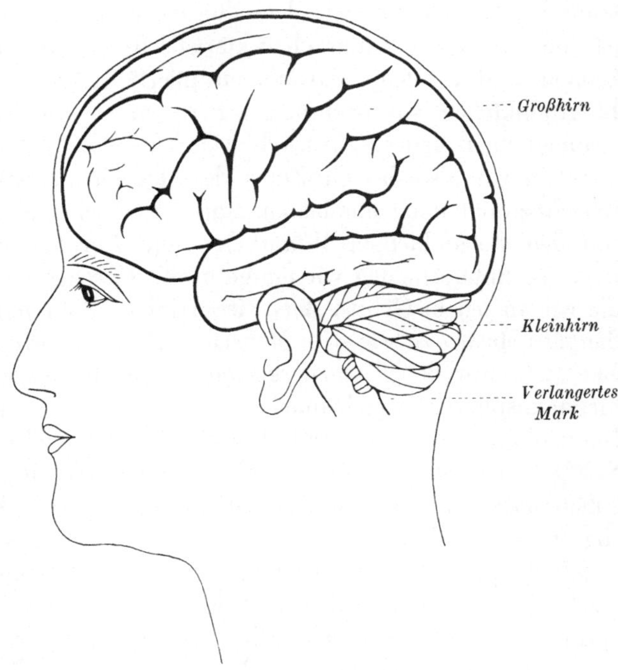

Abb 14. Lage des Gehirns im menschlichen Schadel.

atlas der unteren Volksschulklassen zu den Generalstabskarten. Wir wollen bei dem Vergleich bleiben, denn wir
sprechen in der Tat von Hirnkarten. Damit ist gemeint die
Einteilung der Großhirnoberfläche in Felder von überein-
stimmendem Feinbau. Erinnern wir uns an unseren Schul-
atlas, dann waren da große Gebiete, etwa die Norddeutsche
Tiefebene, die Schwäbisch-Bayrische Hochebene und dergleichen, auf Grund ihrer besonderen Eigenschaften voneinander abgegrenzt. Je genauere Karten wir heranziehen, desto
kleinere Gebiete mit desto mehr Einzelheiten können wir

überblicken, und schließlich finden wir auf den Generalstabskarten jeden Wald und Acker angegeben. So machen wir es hier beim Gehirn und stellen erst die großen Grenzen fest, um immer mehr in Einzelheiten zu gehen. Freilich, sehr weit werden wir dabei im Rahmen dieses Büchleins nicht kommen. Es geht uns wie dem Sternenfreund, der zufrieden ist, die wichtigsten und charakteristischsten Sternbilder zu kennen und es dem Astronomen überläßt, einzelne kleine Lichtpünktchen am nächtlichen Firmament mit seinen Instrumenten in neue Sonnenwelten aufzuteilen.

Sehen wir also das Großhirn des Menschen unter diesem Gesichtspunkt noch einmal an, und lassen wir uns zunächst von den vielen kleinen *Windungen* und *Furchen* nicht beirren, so unterscheiden wir einige große Furchen *(Fissurae)*, die wir an jedem Gehirn stets wiederfinden. Sie kommen den Säugern ebenso zu wie dem Menschen. So sehen wir zunächst eine tiefe Furche *(Fissura sagittalis)*, die die beiden Großhirnhemisphären voneinander trennt (Abb. 13). An jeder Hemisphäre fallen uns weiterhin die *Zentralfurche* und die *Sylvische Furche* auf (Abb. 16a), die wir gleich zu erwähnen haben werden. Ferner können wir mehrere „*Lappen*" (Abb. 15a) abgrenzen, nämlich den Stirnlappen *(Lobus frontalis)*, den Scheitellappen *(Lobus parietalis)*, den Hinterhauptslappen *(Lobus occipitalis)* und den Schläfenlappen *(Lobus temporalis)*. Wir nehmen den Stirnlappen zuerst vor. Bei genauer Betrachtung will es uns scheinen, als wäre es doch nicht ein so aussichtsloses Beginnen, in das Gewirr von unregelmäßigen Windungen und Falten ein wenig Ordnung zu bringen (Abb. 16a). Wir können drei von oben nach unten aufeinanderfolgende Windungszüge voneinander unterscheiden: die obere, mittlere und untere *Stirnwindung*. Die untere Stirnwindung wird uns als Sitz des motorischen Sprachzentrums noch beschäftigen (S. 127). Die drei Stirnwindungen werden hinten durch eine quer verlaufende Windung begrenzt, die vordere *Zentralwindung*. Die große, tiefe Furche *(Zentralfurche,* Rolandosche Furche), die die vordere Zentralwindung von der ihr parallel laufenden hinteren scheidet, bildet auch die Grenze des Stirnlappens, der unten durch

einen Teil der Sylvischen Furche *(Fissura Sylvii)* begrenzt
wird. Nach hinten von der Zentralfurche schließt sich der
Scheitellappen an mit mannigfachen Windungen, die wir
uns hier nicht merken wollen. Wir finden sie in Abb. 16 a

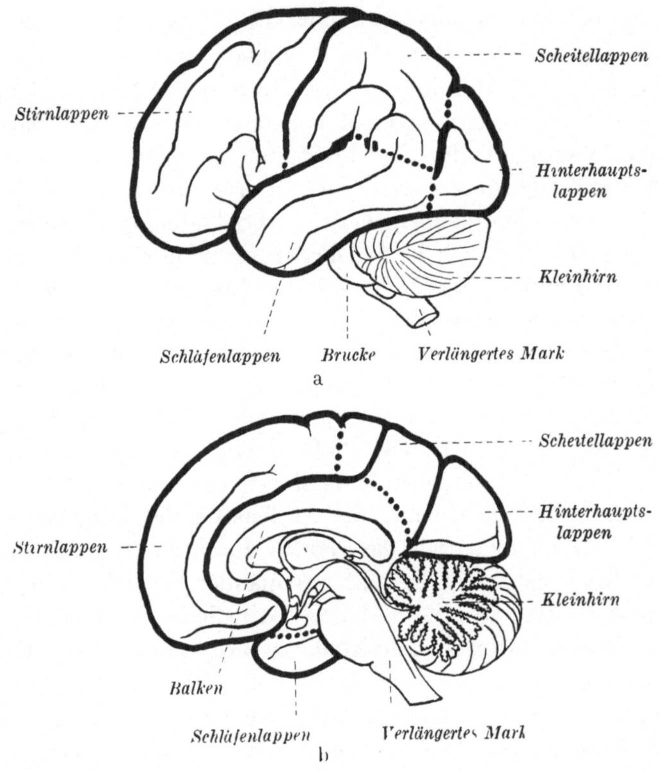

Abb. 15 Einteilung des Großhirns in Lappen Die Grenzfurchen sind dick
ausgezogen, ebenso der Umriß des ganzen Großhirns, der aber nicht mit
einer Lappengrenze zusammenfallt. Kunstliche Grenzen und Verlangerungen
von Grenzfurchen sind punktiert. a) Ansicht von der Seite, b) von der
Innenflache. (Die den Stirnlappen nach innen begrenzende Furche wurde
versehentlich bis in den Scheitellappen dick ausgezogen. Die vordere Grenze
des Scheitellappens ist durch die von der Zentralfurche nach unten ziehende
kurze punktierte Linie gegeben.)

mit ihren wissenschaftlichen Namen bezeichnet. Die Grenze
des Scheitellappens ist nicht ganz so scharf zu ziehen wie die
des Stirnlappens. Die sogenannte *Fissura occipito-parietalis*
bietet einen Anhaltspunkt, von dem wir eine Linie überein-

kommensgemäß ziehen und damit die Grenze zwischen Schei-
tel- und Schläfenlappen einerseits und Hinterhauptslappen
andererseits herstellen. Gegen den Schläfenlappen wird der
Scheitellappen zum Teil durch die Sylvische Furche abgegrenzt. Wo sie uns im Stiche läßt, denken wir sie uns bis
zur Grenze des Hinterhauptslappens verlängert. Auf die
Furchen und Windungen des Hinterhauptslappens können
wir uns hier ebenfalls nicht einlassen; einiges wird darüber
bei Gelegenheit der Beschreibung der zentralen Sehbahn
(S. 120) nachzuholen sein. Die Grenzen des Schläfenlappens
haben wir schon kennengelernt. Im Schläfenlappen sehen wir
wieder eine ziemlich klare Gliederung in je eine obere, mittlere und untere *Schläfenwindung*. Ein ganzes Rindengebiet
ist uns noch entgangen. Es ist die sogenannte *Insel*, die in
der Tiefe der Sylvischen Furche liegt (vgl. Abb. 22, S. 39).
Die Sylvische Furche ist also mehr als dies; nicht nur eine
Furche wie in den übrigen Partien der Großhirnrinde haben
wir vor uns, sondern eine tiefe Grube, in deren Grund ein
gutes Stück Großhirnrinde zu liegen gekommen ist.

Wir haben bisher nur die Außenseite des Großhirns betrachtet. Schneiden wir das Gehirn durch einen genau in der
Mittellinie geführten Schnitt auseinander, so daß es in seine
beiden Hälften zerfällt, so können wir die innere Fläche jeder
der beiden Großhirnhemisphären betrachten. Wir finden
dann die Fortsetzung der Grenzen der schon früher genannten Lappen (Abb. 15 b) auf der Innenseite und eine Reihe
von Furchen und Windungen, auf die wir aber im einzelnen
nicht eingehen wollen (Abb. 16 b).

Man hat das hier in großen Zügen geschilderte Bild der
Furchen und Windungen der Großhirnoberfläche früher für
wichtiger gehalten als heute. So wurde das Furchenbild ver-
gleichend bei Menschen verschiedener Begabung, bei Verbrechern, bei verschiedenen Menschenrassen usw. studiert,
ohne daß sich wesentliche Beziehungen zur Anordnung und
Ausbildung der Furchen und Windungen ergeben hätten.

Im großen und ganzen können wir in der aufsteigenden
Säugerreihe von den ursprünglichen Arten, den Insektenfressern, Nagetieren usw. zu den höheren, wie den Raub-

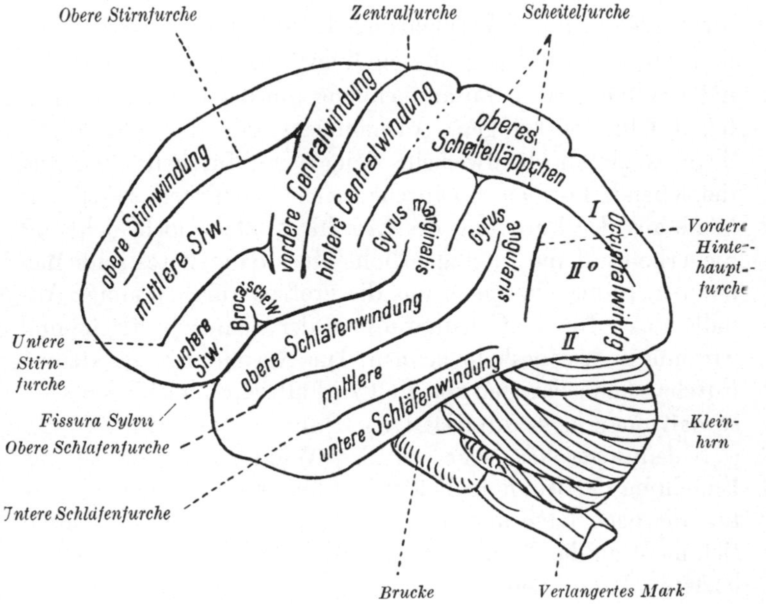

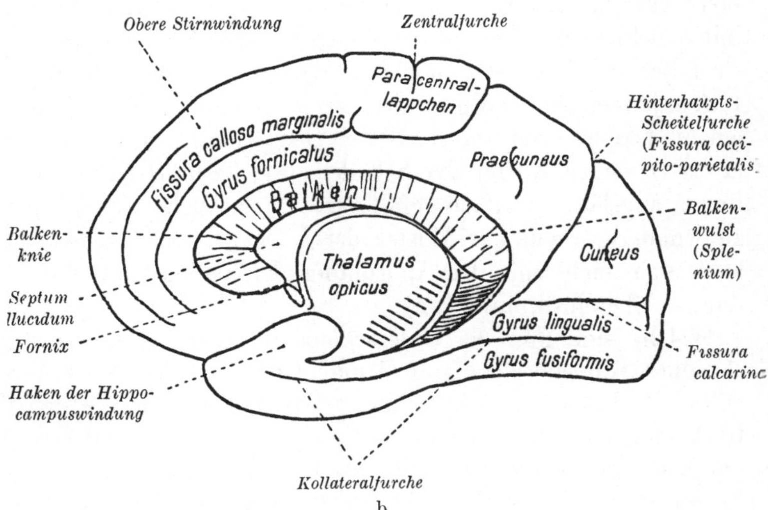

Abb. 16. Die Hauptwindungen des menschlichen Gehirns.
a) Seitenflache. b) Innenseite.

tieren und Affen, mit der Zunahme der Oberfläche der Großhirnrinde auch eine Vermehrung der Windungen beobachten,
und wir können den größeren Reichtum an Windungen bei
höheren Säugern in Zusammenhang mit der höher entwickelten Intelligenz bringen. Ausnahmslos gilt das aber nicht,
denn es gibt hochentwickelte Säuger mit furchenarmen und
tiefstehende Formen mit furchenreichen Gehirnen, so daß wir
heute aus der Furchung des Großhirns allein noch nicht mit
Sicherheit auf die Intelligenzhöhe eines Säugetieres schließen
können. Immerhin bieten uns die großen Furchen einige An-
haltspunkte für die Orientierung an der Gehirnoberfläche und
wir müssen sie deshalb kennen. Die Ausbildung der kleinen
Furchen kann dagegen von Fall zu Fall sehr verschieden sein,
so daß diese keine zuverlässigen Leitlinien darstellen.

Bedeutungsvoller aber als das Windungsmuster ist die
Einteilung der Rinde in Felder von übereinstimmender *Struktur*, die nach Lage und Ausdehnung gleichbleiben. Sie halten
sich nicht an die Grenzen der Furchen und Windungen. Diese
letzteren bezeichnen also nicht so sehr dem Bau (und der
Funktion) nach zusammengehörige Gebiete, sondern sind
mehr zufällig in ihrer Anordnung. Wenn wir einen Teppich
mit verschiedenfarbigen Mustern eilig in einen Koffer stopfen,
so faltet er sich auch nicht so, daß die Gebiete gleicher
Farbe jeweils eine Falte bilden. So gleicht die Gehirnrinde
einem Teppich von verschiedener Feinstruktur, der in den
etwas zu engen Koffer der Schädelkapsel gestopft (Abb. 14)
und zwangsläufig vielfach gefaltet ist. Wir brauchen uns nicht
zu wundern, wenn das Muster der feineren Rindenstruktur
auch hier nicht mit der Anordnung der Falten und Windungen übereinstimmt.

Welche sind nun die Unterschiede im feineren Bau der
einzelnen Rindenbezirke, auf Grund deren wir die neue Einteilung der Großhirnrinde durchführen? Auf den ersten
Blick mögen sie nicht so wichtig erscheinen; es handelt sich
um Unterschiede in der Zahl und Dicke der Schichten von
Nervenzellen, die die Rinde bilden, um die Form und Größe
der Zellen und um ihre Anordnung und Dichte. Auch die Anordnung der Nervenfasern kann uns bei der Einteilung der Groß-

hirnrinde in Felder von Nutzen sein (Abb. 17). Betrachten wir mikroskopische Schnitte durch verschiedene Rindenbezirke, die nach der Nisslschen Methode (vgl. S. 5) hergestellt worden sind, dann sehen wir deutliche Unterschiede. In Abb. 18 sind 2 verschiedene Rindentypen als Beispiele dargestellt. Am häufigsten ist die *Sechsschichtung*. Sie ist die ursprüngliche;

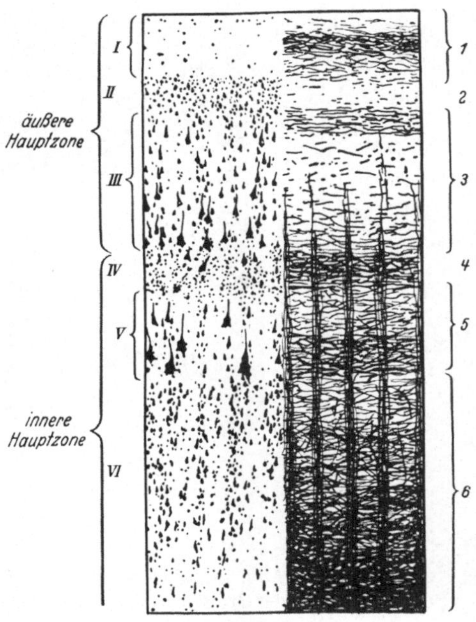

Abb. 17   Die Struktur der Großhirnrinde. Links Anordnung der Nervenzellen in 6 Schichten, rechts Anordnung der Nervenfasern im Markscheidenbild, ebenfalls in 6 Schichten

aus ihr gehen die anderen Typen durch Verschmelzung oder Unterteilung einzelner Schichten hervor, so daß wir etwa nur 5 Schichten finden können, während ein benachbarter Bezirk deren 7 oder 9 erkennen läßt. Die Schichten sind, wie man aus der Abb. 18 ersieht, verschieden dick und verschieden reich an Zellen. Die Zellen selbst sind von ungleicher Größe und Gestalt.

Man kann sich vorstellen, wie der Forscher auf jeden sol-

chen Unterschied genau achtet und danach die Grenzen fest-
stellt, wo das eine Feld mit einer ganz bestimmten Struktur
seiner Zellschichten in ein anderes mit abweichendem Schich-

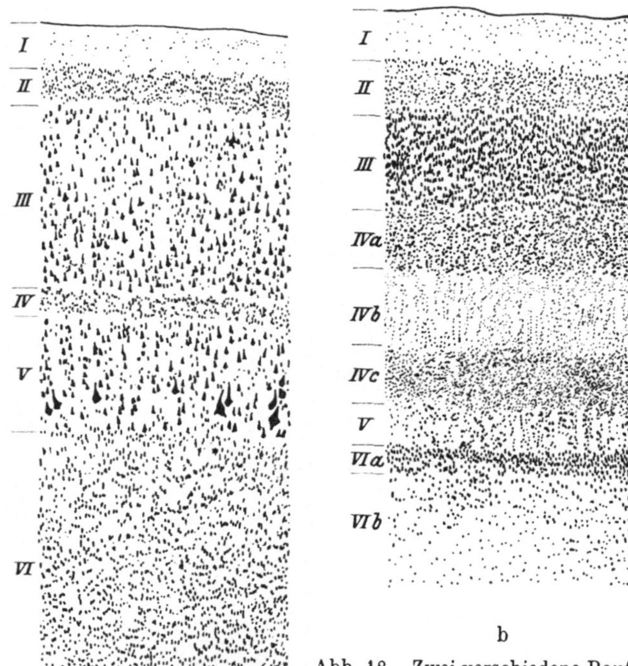

b

Abb. 18. Zwei verschiedene Bautypen
der Großhirnrinde im Zellbild. a) Sechs-
schichtige Rinde aus der vorderen Zentralwindung mit den großen Ursprungszellen der Pyramidenbahn in der
V. Schicht (Betzsche Riesenzellen).
Vgl. Abb. 46, S. 70. b) Neunschich-
tige Rinde aus dem Hinterhauptslappen, in der die Sehstrahlung endet
(Area striata = Calcarinarinde = Sehrinde, vgl. Abb. 74, S. 119), gekennzeichnet durch die Unterteilung der IV. Schicht in drei Schichten durch
einen zellarmen, an Markfasern reichen Streifen (in IVb).

tenbau übergeht. Die Grenzen sind oft sehr scharf und deutlich zu erkennen; bisweilen leiten aber auch Übergänge von
einem Feld zum anderen über. Durch genaues Vergleichen
kam man so zu einer neuen, von den Furchen und Windun-

gen unabhängigen Felderung der Großhirnrinde. E c o n o m c und K o s k i n a s[1]) haben 107 Felder der Großhirnrinde in dieser Weise abgegrenzt und beschrieben. Sie lassen sich durch ein noch eingehenderes Studium vielfach in weitere Unterbezirke einteilen. Wie eine solche *„Hirnkarte"* dann aussieht, wird in Abb. 19 gezeigt. Die einzelnen Felder sind schematisch durch eine verschiedene Art der Schraffierung und Punktierung angedeutet. Ebenso wie durch Expeditionen in noch wenig erforschte Länder deren Karten vervollständigt und in Einzelheiten berichtigt werden, so werden derzeit immer wieder einzelne Felder der Hirnkarte vorgenommen und eingehend durchforscht, um die Richtigkeit ihrer Abgrenzung und die Einheitlichkeit ihres Aufbaus nachzuprüfen. Auch bei Tieren hat man solche Studien angestellt und vergleichende Hirnkarten ausgearbeitet. Sie lehren uns, daß bei den Säugetieren im Grunde die gleiche Felderung der Großhirnrinde durchführbar ist, daß an den entsprechenden Stellen der Rinde eine übereinstimmende Struktur zu finden ist und daß der Reichtum an deutlich abgrenzbaren Feldern zunimmt, je weiter wir von primitiven Säugetierformen zu höher entwickelten emporsteigen. In den Abb. 20 und 21 sehen wir einige Beispiele von Hirnkarten von Säugetieren, auf die wir im einzelnen nicht eingehen wollen, die aber der Leser selber mit der menschlichen Hirnkarte (Abb. 19) vergleichen möge.

Man hat natürlich ebenso, wie man die Gesamtzahl der sichtbaren Sterne berechnet, auch die *Zahl der Nervenzellen* der menschlichen Großhirnrinde zu ermitteln gesucht. Eine genaue Feststellung ist eine, wenn auch nicht unmögliche, so doch sehr schwierige Aufgabe. Wir folgen den E c o n o m o schen Berechnungen, die zu folgenden interessanten Zahlen führten: Die Gesamtzellzahl der menschlichen Großhirnrinde beträgt ca. 14 Milliarden. Das Gesamtgewicht der Zellen beträgt 21,5 g, und es läßt sich daraus berechnen, daß eine mittelgroße Nervenzelle der Rinde ca. 25 millionstel Milligramm (1 Milligramm = 1 Tausendstel Gramm) wiegt. Wenn wir uns an die verwickelte Struktur der Nervenzellen erinnern,

---

[1]) E c o n o m o , C v. u. G N K o s k i n a s: Die Cytoarchitektonik der Hirnrinde des erwachsenen Menschen Wien u Berlin 1925.

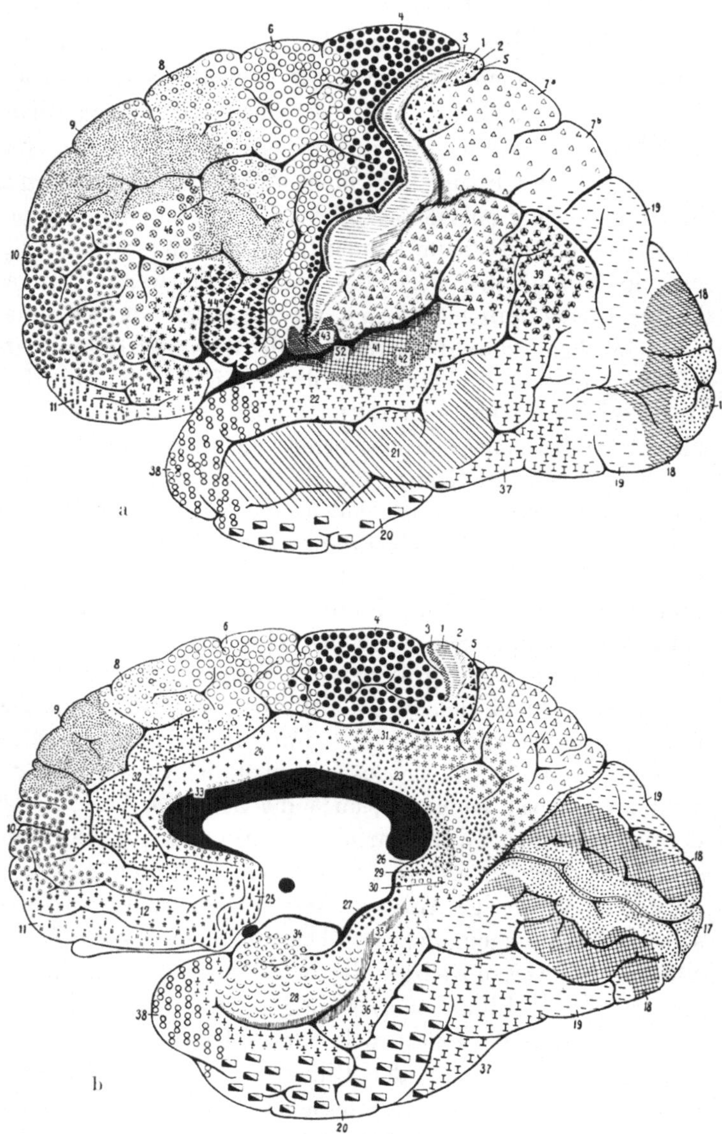

Abb. 19. Hirnkarte des Menschen. a) Seitenansicht. b) Innenflache des Gehirns. Die einzelnen Felder sind durch verschiedenartige Punktierung und Schraffierung gekennzeichnet.

wie wir sie auf S. 5 ff. geschildert haben, dann gewinnen wir wohl den Eindruck, daß die Gesamtheit jener 14 Milliarden kleiner Schaltwerke eine adäquate Klaviatur des menschlichen Geistes darstellt.

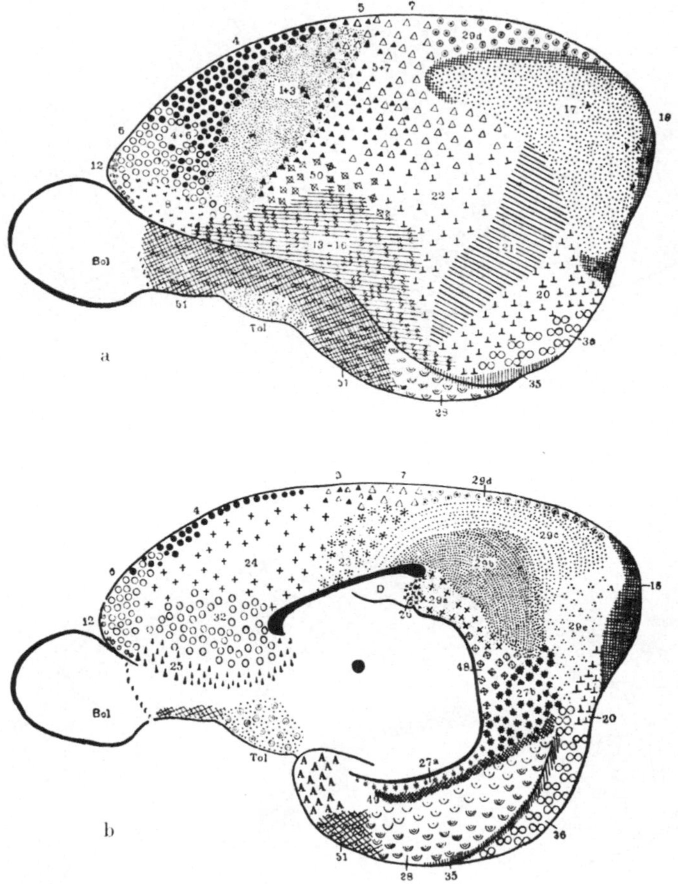

Abb 20. Hirnkarte des Kaninchens a) Seitenansicht b) Innenflache des Gehirns (Die Numerierung der Felder von einheitlichem Rindenbau entspricht der der menschlichen Hirnkarte, Abb. 19, S 36.)

Wir wissen nun (vgl. S. 5). daß von jeder Nervenzelle Dendriten und Neuriten ausgehen. Die Neuriten sind die Zellfortsätze, die als Nervenfasern Bahnen und Bündel im

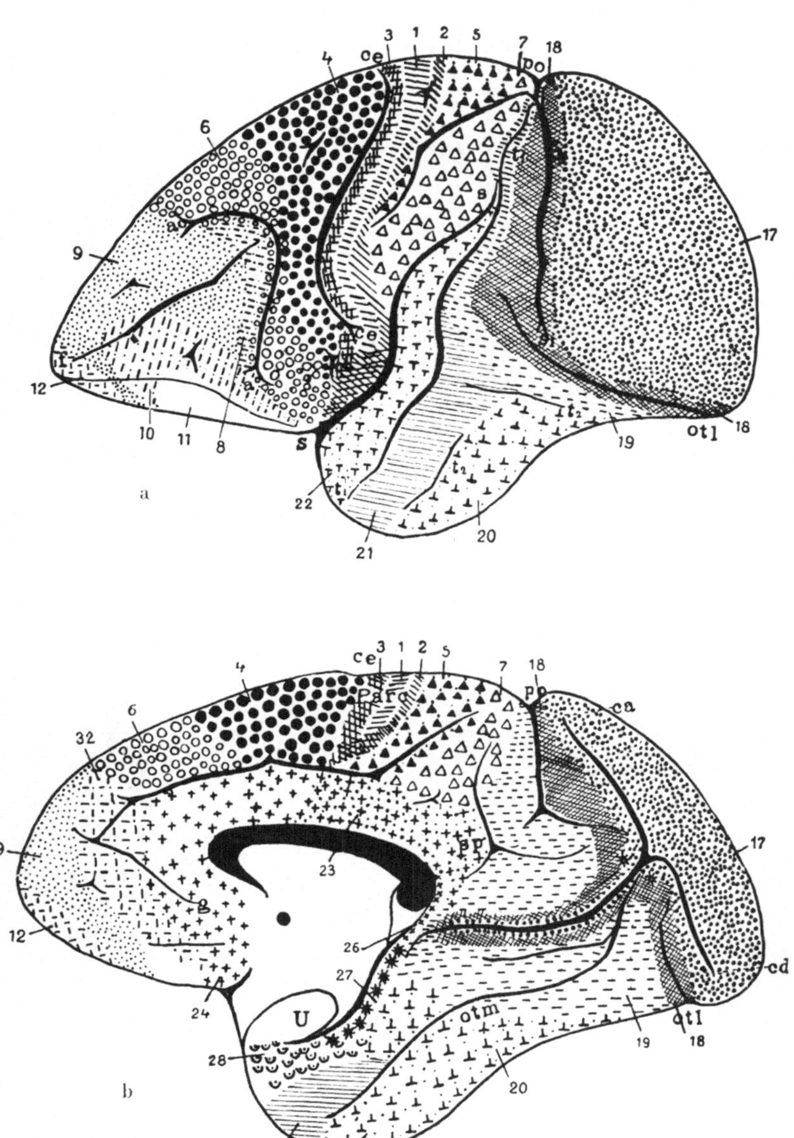

Abb. 21. Hirnkarte des Affen (Cercopithecus). a) Seitenansicht. b) Innenflache des Gehirns. (Bezuglich der Numerierung der Felder vgl. Abb 20, S. 37.)

38

Zentralnervensystem bilden. Die Fasern der 14 Milliarden
Nervenzellen der Großhirnrinde stellen eine gewaltige Masse
dar. Es handelt sich großenteils um markhaltige Nervenfasern, deren Markscheiden im frischen Zustand weißlich erscheinen. Zellreiche Gebiete dagegen, in denen die Markscheiden fehlen oder gering an Zahl sind, bilden im frischen
Zustand graue Massen. Auf dem Querschnitt durch das Groß-

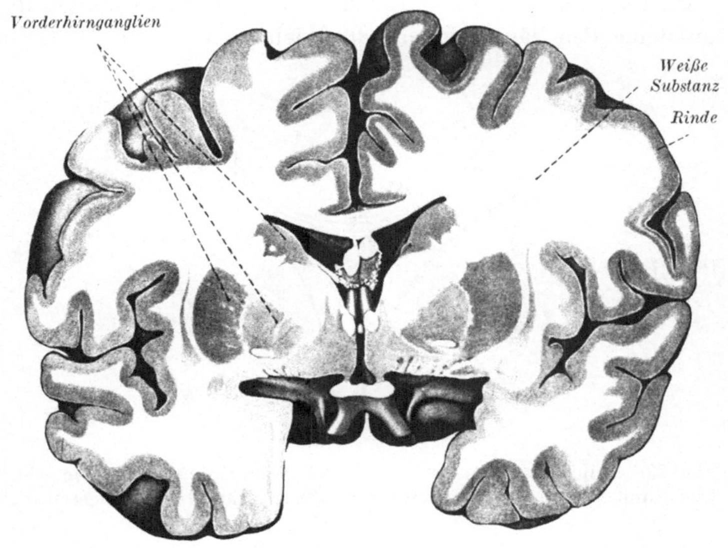

Abb 22. Verteilung von weißer und grauer Substanz auf dem Querschnitt
durch das menschliche Großhirn.

hirn (Abb. 22) ist deshalb die Fasermasse als weiße Substanz
deutlich von den grauen Substanzen der Rinde und der Vorderhirnganglien zu unterscheiden.

In dieser Masse von Fasern können wir je nach ihrer Ver-
laufsrichtung drei Systeme unterscheiden (Abb. 23): 1. Ein
Teil der Fasern zieht innerhalb einer Hemisphäre in kürzerem oder längerem bogenförmigen Verlauf von einem Rindenbezirk zum anderen. Wir nennen solche Bahnen *Assoziationsbahnen* und stellen uns wohl nicht mit Unrecht vor, daß sie
für die Verbindung zwischen den verschiedenen Aufgaben ob-

liegenden Rindenfeldern (Sehrinde, Hörrinde usw., vgl.
S. 143) sorgen. 2. Große Fasermassen ziehen ferner von der
einen Hemisphäre in die andere. Dies sind die *Kommissurenbahnen*, die für ein gleichsinniges Zusammenarbeiten der beiden Hemisphären notwendig sind. Das größte Kommissuren-
bündel im menschlichen Gehirn ist der sog. *Balken*, der bei
niederen Säugern (Schnabeltier, Ameisenigel, Beuteltiere)
noch fehlt und mit der Entwicklung der Großhirnrinde in der
aufsteigenden Säugetierreihe an Mächtigkeit zunimmt. 3. Ein

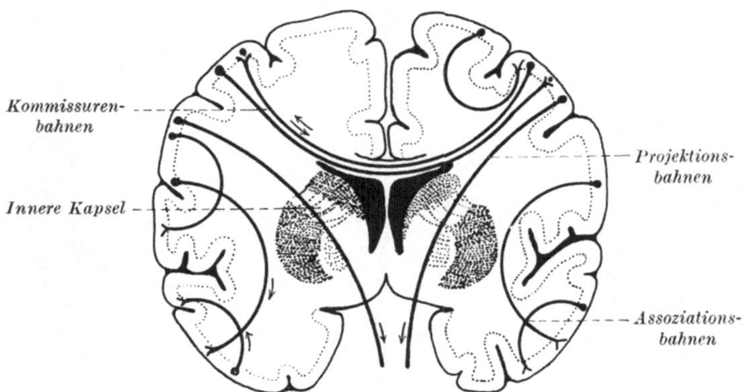

Abb. 23. Projektions-, Assoziations- und Kommissurenbahnen in einen
Querschnitt durch das menschliche Großhirn schematisch eingezeichnet.

weiterer Teil der Fasern zieht von der Rinde zu tiefer gelege-
nen Hirnteilen, zum Zwischenhirn, Mittelhirn, Rückenmark
usw. Wir fassen sie als *Projektionsbahnen* zusammen. Sie
leiten den untergeordneten Zentren des Rückenmarks die
Befehle der Rindenzellen zu; die Rückenmarkszentren geben
sie dann durch die peripheren Nerven an die ausführenden
Organe weiter. Hierher gehören auch die aufsteigenden Bahnen, die die Rindenzentren über die Vorgänge in der Außenwelt unterrichten.

Die Bedeutung der drei genannten Fasersysteme kann man
sich etwa an folgendem Beispiel klarmachen: In einem größeren Fabrikbetrieb mögen zwei Verwaltungsgebäude vorhanden
sein mit Direktoren, leitenden Ingenieuren usw., deren Amts-
räume in jedem der beiden Gebäude untereinander durch ein

Haustelephon verbunden sind. In der Rinde einer Großhirnhemisphäre bildet das System der Assoziationsfasern gleichsam dieses Haustelephon. In unserem Fabrikbetrieb sind nun
auch die beiden Verwaltungsgebäude durch ein Telephonkabel mit zahlreichen Einzelleitungen miteinander verbunden,
entsprechend den Kommissurenbahnen des menschlichen Gehirns, die die beiden Hemisphären miteinander verbinden.
Schließlich gehen Leitungen von den beiden Verwaltungsgebäuden zu den einzelnen Maschinenräumen des Werkes,
zur Versandabteilung usw. Auf diesem Wege werden die
leitenden Gedanken und der Wille der Direktion hinaus-
projiziert auf die ausführenden Organe, auf die Arbeiter,
Mechaniker usw., und durch diese Leitungen bekommt die
Direktion auch ihre laufenden Berichte über den Fortgang
der Produktion, über eintretende Werkschäden u. dgl. Diese
Telephonleitungen könnten wir als die Projektionsbahnen
des Werkes bezeichnen wie die entsprechenden Faserbahnen
im Gehirn.

Die im Vorangehenden geschilderte Rinde und ihre zugehörigen Fasermassen bilden beim Menschen einen Gehirnteil
von so imponierender Größe, daß die alten, uns schon von
den Fischen her bekannten Bestandteile in den Hintergrund
gedrängt werden. Wir stellen, wie schon betont wurde, diesen
Hirnteil ganz allgemein als Großhirn dem Kleinhirn und
allem übrigen, was wir als Hirnstamm bezeichnen, gegenüber.
Unter dem Begriff des Hirnstamms verstehen wir also die
Vorderhirnganglien (Streifenkörper usw.), das Zwischenhirn,
das Mittelhirn und das verlängerte Mark. Eigentlich gehört
auch der alte mittlere Teil des Kleinhirns zum Hirnstamm,
aber beim Menschen hat das Kleinhirn im Zusammenhang
mit der Ausbildung des Großhirns so sehr an Ausdehnung
zugenommen, daß wir es zunächst als eigenen Abschnitt gesondert behandeln wollen.

2. Das Kleinhirn.

Das Kleinhirn ist beim Menschen alles eher denn klein
(Abb. 24). Es trägt seinen Namen mit Berechtigung nur im
Vergleich zum Großhirn. Wir haben seine Entwicklung von

den Fischen an verfolgt und wissen, daß es die Zentralstelle für
die Aufrechterhaltung des Gleichgewichts und die zweckmäßig geschickte Handhabung der Glieder ist. Was das

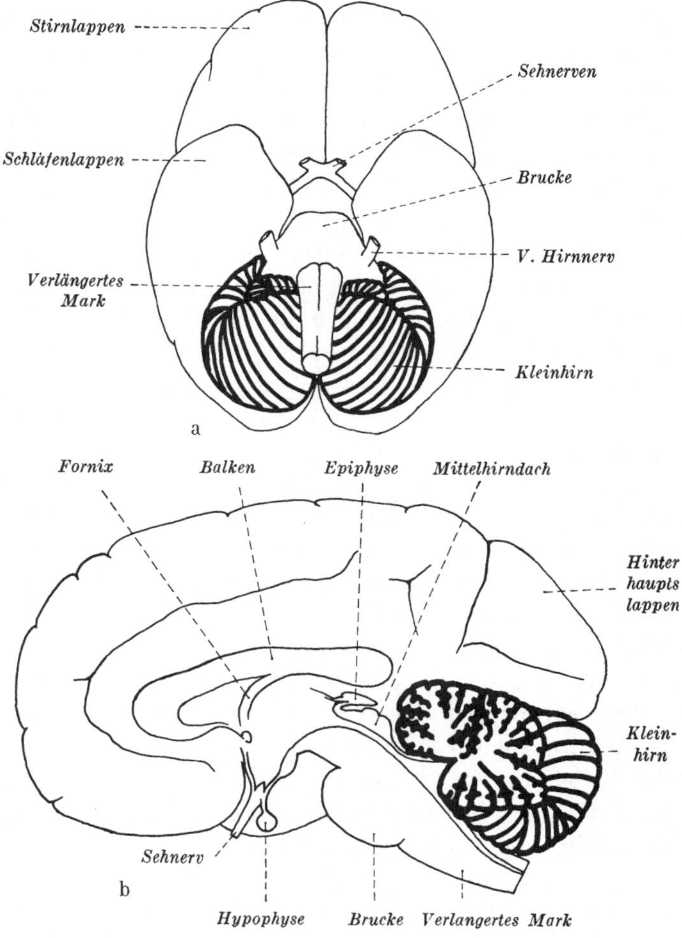

Abb. 24   Das Kleinhirn des Menschen. a) Beim Blick auf die Unterseite
des Gehirns. b) Beim Blick auf die Innenseite eines in der Mittellinie langs
durchgeschnittenen Gehirns.

Kleinhirn für unser Leben bedeutet, kommt uns normaler-
weise nicht zum Bewußtsein, wohl aber wenn es ausgeschaltet
oder in seiner Funktion beeinträchtigt ist. So verdankt z. B.

der Betrunkene den Verlust der Standfestigkeit und der
Fähigkeit gerade zu gehen der durch den Alkohol hervor-
gerufenen Lähmung der Nervenzellen des Kleinhirns[1]). Auch
Geschwülste im Kleinhirn, Schußverletzungen u. dgl. führen
uns immer wieder die Bedeutung des Kleinhirns für die
Orientierung über die Lage des Körpers im Raume vor
Augen. Die Rolle des Kleinhirns ist damit nicht erschöpft,
denn es ist auch für den normalen Spannungszustand der
Muskeln mit verantwortlich. Aber wir müßten zu weit aus-
holen, wollten wir auf all das eingehen.

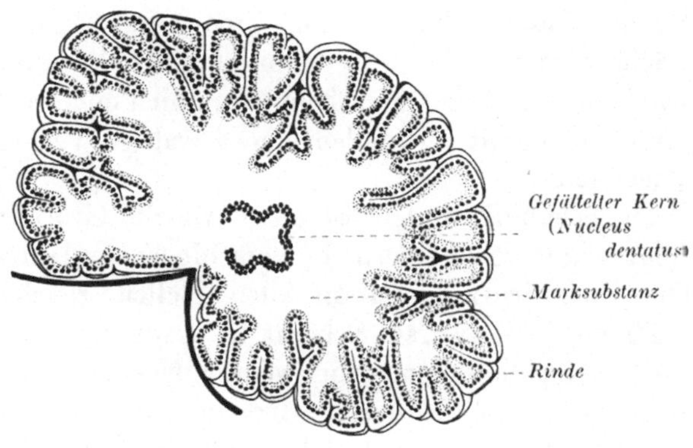

Abb 25. Schnitt durch das menschliche Kleinhirn, schematisiert.

Hier interessiert uns zunächst der Aufbau des Kleinhirns.
Am meisten fällt bei der Betrachtung der Oberfläche (Abb. 24)
der Reichtum des Kleinhirns an schmalen *Windungen* auf.
Sehen wir uns einen Schnitt durch das Kleinhirn an, so erscheinen die Windungen als zahlreiche, zierlich verästelte
Läppchen (Abb. 25). Die alten Anatomen hatten auch hier
wieder einen poesievollen Namen, indem sie von dem Schnitt-
bild des Kleinhirns als vom Lebensbaume *(Arbor vitae)* spra-
chen. In der Tat erinnert die vielfältige Verzweigung an
einen Baum (vgl. Abb. 24b). Es handelt sich dabei um die
gleiche Erscheinung wie bei den Furchen und Windungen

---

[1]) Der Alkohol wirkt naturlich nicht nur auf die Nervenzellen des Kleinhirns; die Wirkungen der akuten und der chronischen Alkoholvergiftung
auf die ubrigen Leistungen des Nervensystems sind ja allgemein bekannt.

des Großhirns: Die Kleinhirnrinde ist ebenso wie die Rinde des Großhirns der Sitz von Nervenzellen, auf deren Tätigkeit die Leistungen des Kleinhirns beruhen. Je höhere Ansprüche an das Kleinhirn gestellt werden, desto mehr Zellen werden benötigt. Diese Zellen müssen in bestimmten Beziehungen zueinander stehen; sie bilden Schichten mit verwickelten Verbindungen und können nicht x-beliebig in Haufen angeordnet werden. Um also die Schichtenordnung der Oberfläche aufrecht erhalten zu können, muß bei der Notwendigkeit einer Vermehrung der Zellen die Oberfläche vergrößert werden. Das geht aber nicht ohne weiteres, denn die Schädelkapsel bietet nur beschränkten Raum. Eine Vergrößerung der Oberfläche wird nun durch Faltenbildung erzielt, und so sehen wir wie beim Großhirn auch beim Kleinhirn eine mächtige Fältelung und damit verbunden eine gewaltige Vergrößerung der Oberfläche.

Die Kleinhirnrinde läßt nicht wie die Großhirnrinde eine Abgrenzung von Feldern von verschiedenem Aufbau erkennen. Die Kleinhirnrinde ist an allen Stellen gleichartig gebaut (Abb. 26). Die oberste Schicht wird vorwiegend von Nervenfasern eingenommen. Nur wenige Nervenzellen liegen hier zwischen einem dichten Gewirr von Nervenzellfortsätzen, die miteinander in Kontakt stehen wie die Drähte eines elektrischen Schaltwerkes. Darunter folgt eine Schicht von Zellen, die nach ihrem Entdecker Purkinje benannt werden. Diese Purkinje-Zellen sind merkwürdige Gebilde. Von ihrem birnförmigen Zellkörper geht nach innen zu der lange Nervenfortsatz ab, der an den Zellen eines Nervenkernes *(Nucleus dentatus)* im Innern des Kleinhirns endet. Gegen die Oberfläche erheben sich die Dendriten (vgl. S. 5) in einer Ebene wie die Äste eines Spalierobstbaumes. Durch zahllose feine Nervenfasern, die sich um die Äste der Purkinje-Zellen ranken oder von einem solchen „Spalierbäumchen" zum nächsten ziehen, kommt eine tausendfältige Verbindung zustande, die uns den großen Aufgabenbereich des Kleinhirns ahnen läßt. Auf die Schicht der Purkinje-Zellen folgt eine Schicht von zahllosen kleinen, körnerartigen Zellen und schließlich ganz im Innern finden wir wieder wie beim Großhirn die weiße Substanz, d. h. die Masse markhaltiger Nervenfasern, die von der Kleinhirnrinde weg oder zu ihr hinziehen.

Im Innern dieser weißen Fasermasse finden wir Gruppen von Nervenzellen. Die größte von diesen, die wir als *Nucleus dentatus* schon kennengelernt haben, zeigt auf dem Schnitt das Bild eines gefältelten Bandes (Abb. 25). An den Zellen dieser Gruppe enden die langen Nervenfortsätze der Pur-

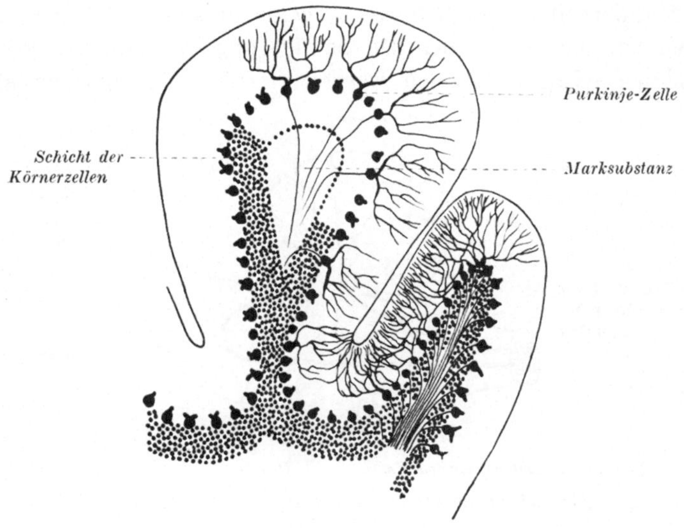

Abb 26. Der feinere Bau der menschlichen Kleinhirnrinde.

kinje-Zellen, und von diesen Zellen gehen wieder weitere Nervenfasern aus, die zu anderen Teilen des Stammhirns (zum roten Kern, vgl. S. 59) ziehen. Die Zellengruppen im Inneren der Fasermasse des Kleinhirns sind also Umschaltstationen, etwa den Umformerstationen eines Elektrizitätswerkes vergleichbar. Man nehme diesen Vergleich aber nicht zu wörtlich; wir wissen nichts über die „Umformung" der nervösen Erregungen in solchen Schaltstationen des Gehirns.

Das Kleinhirn hat nun mächtige Verbindungen mit den übrigen Teilen des Zentralnervensystems. Dicke Faserbündel ziehen vom Kleinhirn als sog. Bindearme *(Brachia conjunc-*

tiva) zum Mittelhirn, als Brückenarme *(Brachia pontis)* zur Brücke und als sog. Strickkörper *(Corpora restiformia)* zum Rückenmark und verlängerten Mark (vgl. Abb. 32). Wie immer im Gehirn enthalten solche dicke Faserbündel Nervenfasern, die in beiden Richtungen verlaufen, also vom und zum Kleinhirn. Im einzelnen handelt es sich dabei um folgende Bahnen: Von den zum Kleinhirn ziehenden, also afferenten Fasern sind zunächst die aus dem Rückenmark aufsteigenden Kleinhirnseitenstrangbahnen *(Tractus spino-cerebellares)* zu nennen, denen wir bei der Schilderung der Rückenmarksbahnen wieder begegnen werden (S. 85). Wir ersehen aus

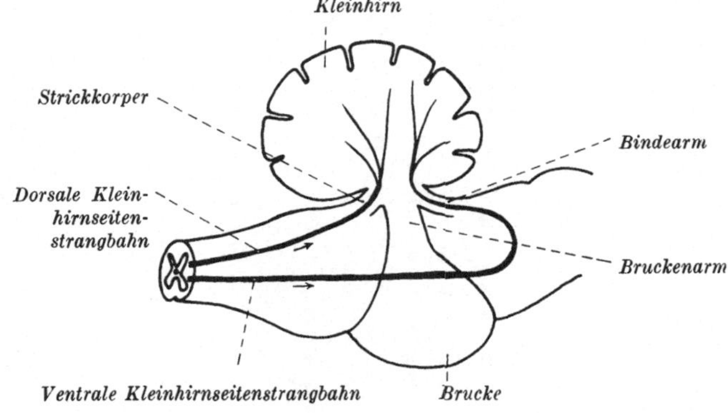

Abb. 27. Schema der Kleinhirnseitenstrangbahnen.

Abb. 27, wie die ventralen, d. h. der Bauchseite näher liegenden Fasern dieser Bahnen auf einem etwas umständlichen Weg über die Bindearme ihr Ziel, die Kleinhirnrinde, erreichen. Die dorsalen, also die der Rückenseite näheren Fasern streben dagegen auf einem direkten Weg durch die Strickkörper der Kleinhirnrinde zu. Wir werden noch hören, daß diese Bahnen dem Kleinhirn vor allem die *propriozeptiven* Reize aus den Muskeln und Gelenken zuleiten, d. h. die Empfindungen des Lage- und Kraftsinnes, die für die richtige Ausführung von Bewegungen und die Abwägung des dabei notwendigen Kraftaufwandes von großer Bedeutung sind.

Eine weitere wichtige Bahn zieht aus den *Oliven* (S. 62) durch die Strickkörper zum Kleinhirn *(Tractus olivo-cere-*

bellaris, Abb. 28). Die Oliven sind Gruppen[1]) von Nervenzellen in der Medulla oblongata, die vor allem mit dem Tha-

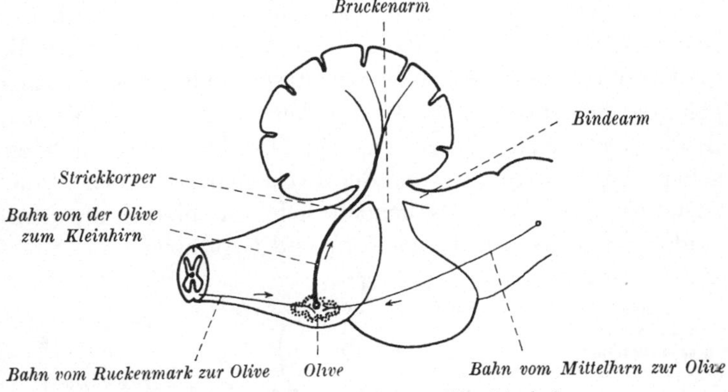

Abb. 28. Schema der Oliven-Kleinhirnbahn

lamus und dem Mittelhirn in Verbindung stehen. Im einzelnen ist ihre Bedeutung trotz zahlreicher Untersuchungen nicht
endgültig geklärt.

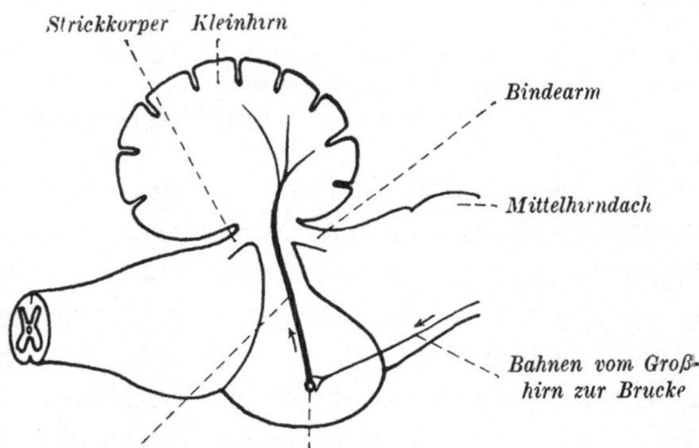

Abb. 29. Schema der Brucken-Kleinhirnbahn

Schließlich sind Bahnen aus der sog. *Brücke* zu erwähnen,
die durch die Brückenarme *(Brachia pontis)* zum Kleinhirn

---

[1]) Im Gehirn sind die Nervenzellen, soweit sie nicht in der Rinde Schichten
bilden, in Gruppen angeordnet, die man als Kerne (Nucleus) oder Ganglien
bezeichnet. Kern in diesem Sinne ist nicht mit Zellkern zu verwechseln.
(vgl S 5).

gelangen (Abb. 29). Unter der Bezeichnung Brücke *(Pons)* versteht man eine Fasermasse, die sich quer um die Unterseite des verlängerten Marks legt (Abb. 32b, 36). Durch die Brücke ziehen die langen Bahnen aus dem Großhirn, wie z. B. die Pyramidenbahn. Zwischen den Faserbündeln liegen Gruppen von Nervenzellen, die Brückenkerne. An den Zellen der Brückenkerne enden Fasern aus dem Großhirn, und von ihnen gehen die Fasern aus, die die Brückenarme bildend zum Kleinhirn aufsteigen. Es handelt sich also hierbei um Verbindungswege zwischen Kleinhirn und Großhirn.

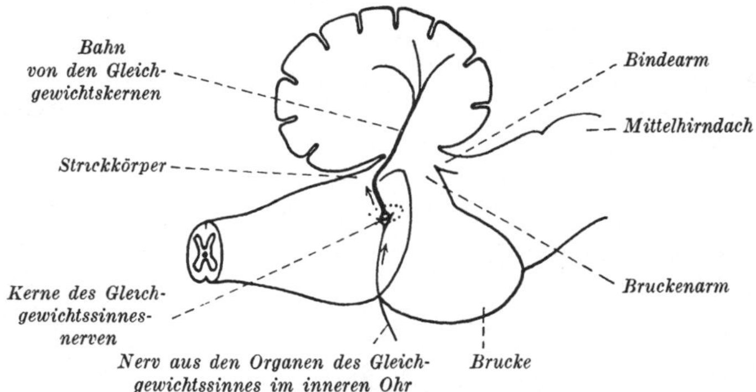

Abb. 30. Schema der Gleichgewichtsapparat-Kleinhirnbahn.

Für die Kleinhirnfunktion von größter Bedeutung sind endlich die Bahnen aus den Nervenkernen des *Gleichgewichtsapparates* im verlängerten Mark (Abb. 30). An diesen Kernen enden die aus dem inneren Ohr kommenden Fasern des Nervus vestibularis (vgl. S. 125), und von diesen Kernen ziehen dann die Fasern durch die Strickkörper ins Kleinhirn. Auf diesem Wege werden dem Kleinhirn die Gleichgewichtsempfindungen zugeleitet.

Das Kleinhirn verarbeitet nun all die Erregungen, die ihm aus den Muskeln und Gelenken, aus dem Großhirn, vom zentralen Gleichgewichtsapparat usw. zufließen und formt daraus die Erregungen, die auf anderen, efferenten Bahnen zu anderen Zentren des Nervensystems und zur Peripherie geleitet werden. Das Kleinhirn bietet ein eindrucksvolles Beispiel für jene Funktion des Nervensystems, die wir die *integrierende* nennen. Wie im Ministerium für auswärtige Angelegenheiten die Berichte der Diplomaten aus den verschiedenen Ländern einlaufen und wie dort aus der Summe ihrer Nachrichten und Beobachtungen Folgerungen gezogen werden, die zu entsprechenden Weisungen für eben diese Diplomaten verarbeitet werden, so verarbeitet oder integriert eine Zentralstelle wie das Kleinhirn die Meldungen des Gleichgewichtsapparates im inneren Ohr, der Sinnesorgane in den Muskeln und Gelenken usw. und gibt neue Befehle an eben diese Muskeln und Gelenke aus, die der Gesamtlage des Organismus Rechnung tragen. Das Kleinhirn ist im Körper

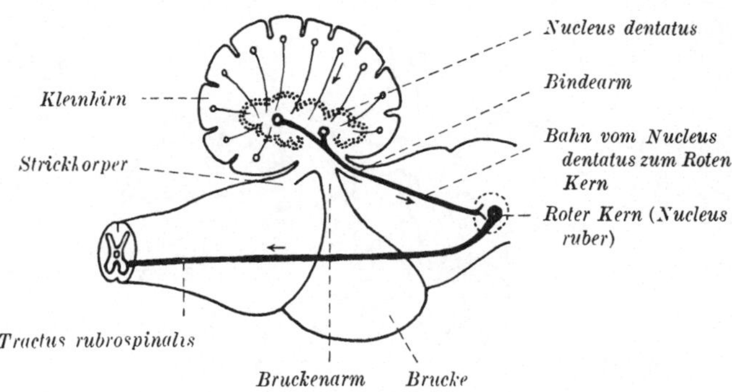

Abb. 31. Schema der Bahn vom Kleinhirn zum roten Kern.

das Ministerium für die Gleichgewichtserhaltung und für die Ausführung zweckmäßig abgestimmter Bewegungen.

Die Bahnen, die die Erregungen aus dem Kleinhirn anderen Zentren zuleiten, verlaufen ebenfalls in den genannten Kleinhirnarmen (Abb. 31). Aus den P u r k i n j e - Zellen gehen Nervenfortsätze hervor, die im Kleinhirnmark zu jenem schon genannten, gefältelten Zellband (*Nucleus dentatus*) ziehen und dort enden. Die Nervenfortsätze der Zellen dieses Nucleus dentatus bilden ihrerseits Bündel, die in den Bindearmen zu einer großen Zellgruppe im Mittelhirn ziehen, zum Roten Kern (*Nucleus ruber*). Hier enden dann die Fasern aus dem Nucleus dentatus des Kleinhirns und eine neue Bahn nimmt ihren Ursprung, die vom Nucleus ruber ins Rückenmark zieht. Wir nennen sie *Tractus rubro-spinalis*, und wir haben hier die Bahn vor uns, die die für die Muskeln bestimmten Erregungen aus dem Kleinhirn ins Rückenmark leitet. Wir werden uns mit ihr als der Hauptbahn des sog. *extrapyramidalen Systems* später wieder zu beschäftigen haben (S. 73). Außer dieser Bahn ziehen noch andere zum Thalamus, zum Mittelhirn und zum verlängerten Mark, auf die wir aber nicht näher eingehen wollen.

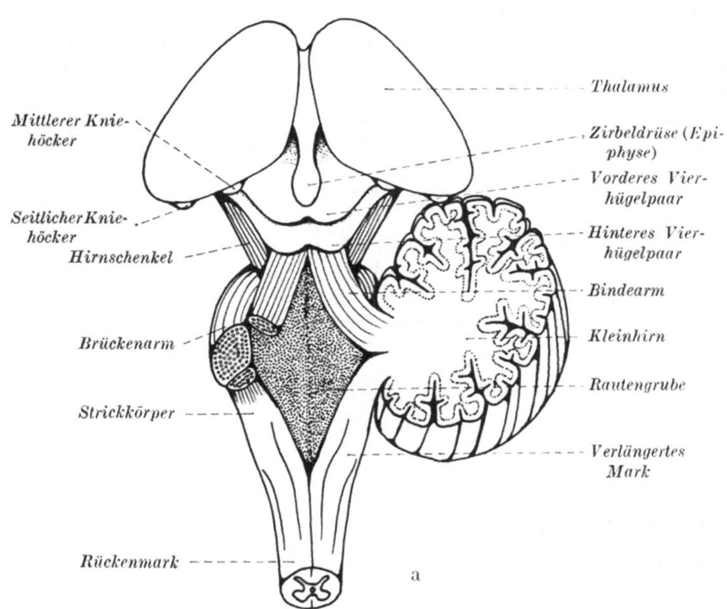

Abb. 32. Der Hirnstamm. a) Von oben. Linke Kleinhirnhemisphäre entfernt, wobei die drei Kleinhirnarme durchschnitten wurden. Man sieht die Schnittflächen des Bindearms, des Brückenarms und des Strickkörpers links.

3. Der Hirnstamm.

Lösen wir die beiden Großhirnhemisphären und das Kleinhirn an einem menschlichen Gehirn ab, dann bleibt als ein höchst verwickelt gebautes Gebilde der Hirnstamm übrig (Abb. 32). Er ist der Sitz aller subkortikalen Zentren, d. h. der Nervenzellgruppen, die räumlich und funktionell dem *Cortex*, das ist der Großhirnrinde, untergeordnet sind.

Das Verhältnis der Großhirnrinde zum Hirnstamm können
wir uns wieder am Beispiel des Fabrikbetriebes veranschaulichen. Wenn die Direktoren und leitenden Ingenieure aus
irgendeinem Grunde eines Tages der Fabrik fernbleiben und
aus den beiden Verwaltungsgebäuden keine Telephonanrufe
kommen, so werden doch die „*subcorticalen Zentren*", in diesem Falle die Werkmeister und Vorarbeiter, imstande sein,
den Betrieb weitergehen zu lassen. Eine gut eingearbeitete Be-

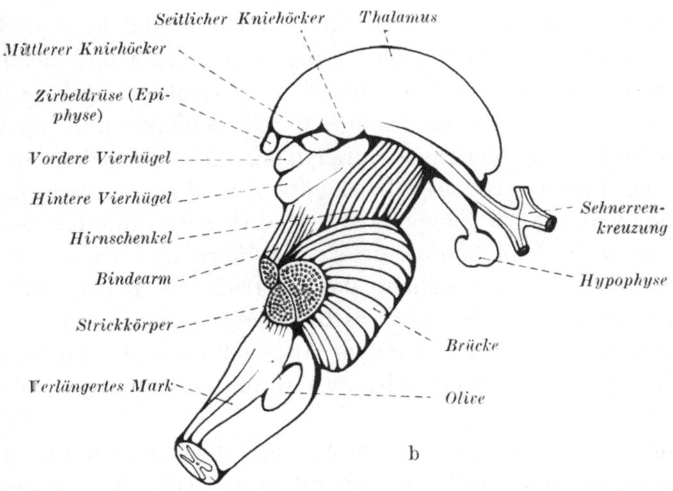

Abb. 32. Der Hirnstamm. b) Von der Seite. Kleinhirn ganz entfernt.
Man sieht die Schnittflachen der drei Kleinhirnarme. Zur Vereinfachung
wurden in beiden Abbildungen die Vorderhirnganglien (Streifenkorper und
Globus pallidus) weggelassen, die ebenfalls zum Hirnstamm gehoren.

legschaft wird nicht gleich versagen, und ein Besucher der
Fabrik wird vielleicht nicht merken, daß hier die Oberleitung
fehlt. Das geht so lange ganz gut, als keine unerwarteten
und schwierigen Anforderungen an das Werk gestellt werden;
tritt ein solcher Fall ein, dann wird die verantwortliche Leitung vermißt.

So können Säugetiere ohne Großhirn recht gut längere
Zeit leben, und auch Menschen, bei denen von Geburt an
nur der Hirnstamm ausgebildet war, konnten, wenn auch nur
für Tage und Wochen, leben und sich wie Säuglinge gleichen

Alters mit normaler Gehirnbildung benehmen. Für die primitiven Funktionen in der Zeit vor der Geburt und auch in den ersten Lebenstagen nach der Geburt genügen offenbar die Zentren des Hirnstammes. Bald aber treten auch an den Säugling höhere Anforderungen heran, denen ein solches Hirnstammwesen nicht gewachsen ist.

Die niederen Wirbeltiere, etwa die Fische, sind ja nun auch Hirnstammwesen; warum sind diese voll lebensfähig? Man muß sich das so vorstellen, daß bei den niederen Wirbeltieren die Zentren des Hirnstammes noch selbständiger sind und erst in der aufsteigenden Säugerreihe mehr und mehr unter den übergeordneten Einfluß der Großhirnrinde gelangen. Sie werden so immer unselbständiger und sind schließlich beim Menschen außerstande, den normalen Ablauf der Lebensvorgänge für längere Zeit allein zu gewährleisten, was sie bei Säugetieren, etwa Hunden und Katzen, noch können. Man könnte sie Handwerkern und freien Gewerbetreibenden vergleichen, die in früheren Zeiten selbständig arbeiteten, aber bei fortschreitender Industrialisierung immer mehr zu unselbständigen Angestellten und Arbeitern werden, je mehr zentral geleitete Großunternehmungen entstehen.

Der *Hirnstamm* ist in seinem Aufbau sehr viel schwerer zu verstehen als das Großhirn. Er enthält ja, wie schon betont wurde, alle Anteile des Wirbeltiergehirns. Manche Teile haben eine besondere Ausbildung erfahren, andere sind rückgebildet, neue sind hinzugekommen. Mehrere dicke Bände müßten wir schreiben, wollten wir den Aufbau des menschlichen Hirnstamms in allen Einzelheiten schildern. Nur in den allergröbsten Zügen wollen wir die Verhältnisse im folgenden darstellen.

Wir haben schon mehrfach gehört, daß aus einem Teil des Vorderhirns der niederen Wirbeltiere (vgl. S. 17) die *Vorderhirnganglien* hervorgehen. Es sind das große Ansammlungen von Nervenzellen, die nach ihrem Aussehen bei Betrachtung mit bloßem Auge von den alten Anatomen ihre Namen erhalten haben. Man spricht so von einem Streifenkörper *(Corpus striatum)*, weil man auf der Schnittfläche

durch die Vorderhirnganglien in diesem Bereich weiß erscheinende Bündel von markhaltigen Nervenfasern (vgl. S. 8)
wahrnimmt, die durch diese Nervenzellanhäufungen ziehen
und dem betreffenden Gebiet ein streifiges Aussehen ver-
leihen. Ein anderer Bezirk wird als der blasse Kern (*Globus
pallidus*) bezeichnet wegen seiner hellen Farbe auf einem
Schnitt durch ein frisches Gehirn. Wir wollen hier nicht die
Frage aufrollen, ob diese Zellgruppen zum Vorderhirn oder

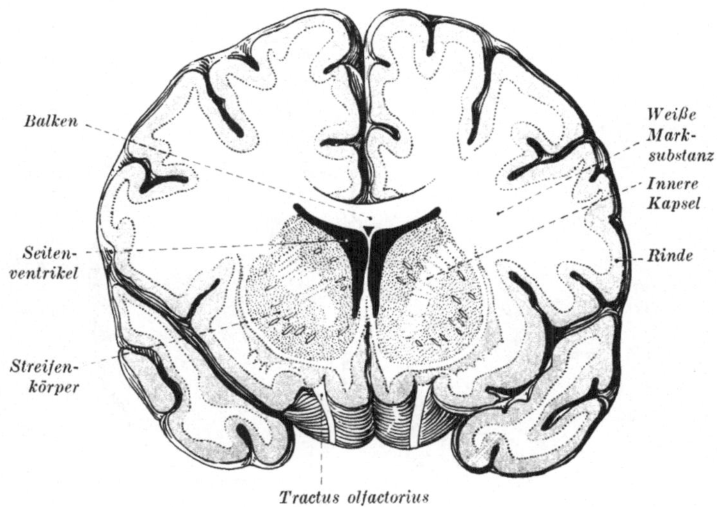

Abb. 33. Querschnitt durch das menschliche Großhirn in der Gegend der
Vorderhirnganglien.

zum Zwischenhirn zu rechnen sind, denn solche Grenzen sind
durch Übereinkunft festgelegt, etwa wie die Grenze zwischen
Europa und Asien. Wir fassen hier also ganz einfach den
Globus pallidus und den Streifenkörper als Vorderhirnganglien zusammen und können noch hinzufügen, daß der Streifenkörper in zwei Abschnitte unterteilt ist, die sich nur durch
ihre getrennte Lage, nicht aber durch ihren feineren Bau
unterscheiden (Abb. 33). Die Vorderhirnganglien des Menschen stellen wichtige Schaltstätten für den Bewegungsapparat
dar, und ihre Erkrankung hat eigenartige Störungen der
Bewegungsfähigkeit, teils im Sinne von Bewegungsarmut

oder -unruhe, teils in Form von Steifigkeit oder abnormer Erschlaffung zur Folge.

Von den Anteilen des menschlichen *Zwischenhirns* interessieren uns hier vor allem zwei große Bezirke, nämlich der *Thalamus* und der *Hypothalamus* (Abb. 34). Der Thalamus stellt eine große Zellmasse dar, die sich wieder in eine Reihe von kleineren Abschnitten zerlegen läßt. An den Zellen des Thalamus enden Bahnen, die Reize und Erregungen aus der Peripherie des Körpers dem Gehirn zuführen und es über

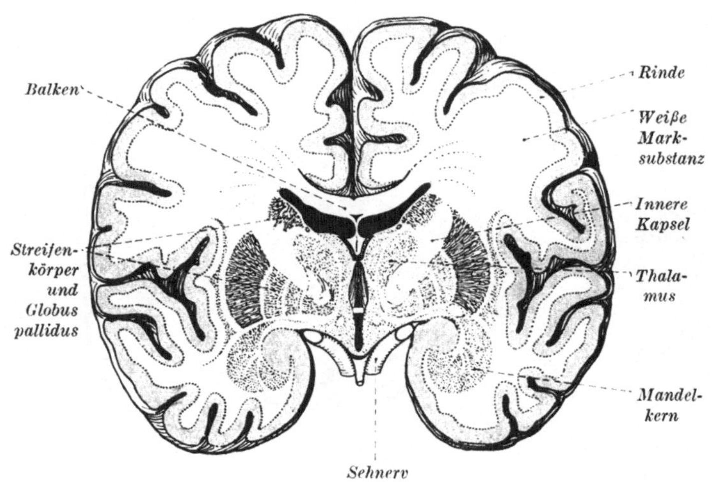

Abb. 34. Querschnitt durch das menschliche Großhirn zur Darstellung des Thalamus und der inneren Kapsel.

die Vorgänge im Bereich der Haut, in den Muskeln und Gelenken usw. unterrichten. Der Thalamus ist das Zentrum für die *bewußte*[1] *Sensibilität* des Körpers; hier laufen alle Empfindungsbahnen zusammen, soweit sie nicht schon im Kleinhirn enden (vgl. S. 46), das mehr der unbewußten Sensibilität wie den Lage- und Kraftempfindungen zugeordnet ist.

---

[1] Das darf nicht so aufgefaßt werden, daß es sich hier um das Zentrum des Bewußtseins überhaupt handelt. Das Bewußtsein ist eine Funktion des ganzen Gehirns.

54

Zwischen Thalamus, Streifenkörper und Globus pallidus
ziehen dicke Fasermassen, die diese Kerne zum Teil wie eine
Kapsel umgeben (Abb. 34). Man nennt diese Fasermassen
auch die *innere Kapsel.* Das ist wieder eine alte anatomische
Bezeichnung, die sich eingebürgert hat, die uns aber leicht
irreführen könnte. Nicht als Kapsel um die Vorderhirnganglien sind diese Fasern von Bedeutung, sondern es handelt sich
um die auf dem Schnitt durch das Gehirn als eine weiße
Masse erscheinenden, markhaltigen Faserbündel, die Rinde
und Hirnstamm verbinden und als die langen Projektionsbahnen (vgl. S. 40) zum Rückenmark absteigen.

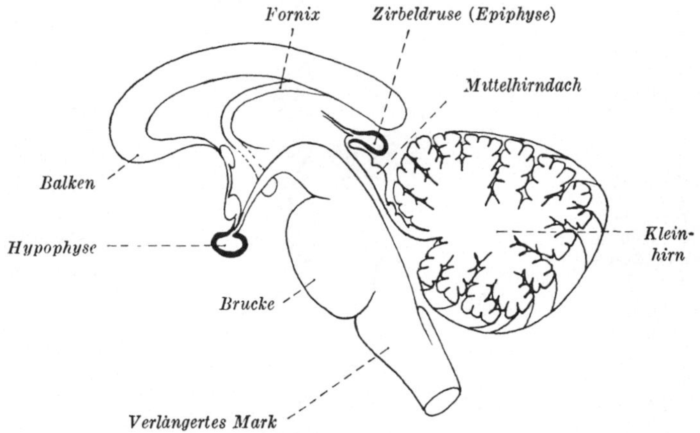

Abb. 35. Schnitt in der Mittellinie des Hirnstamms zur Darstellung
der Lage von Epiphyse und Hypophyse.

Den Hypothalamus bildet das unter (griechisch: hypo =
unter) dem Thalamus gelegene Gebiet. Es gehört mit zum
wichtigsten des ganzen Gehirns. Hier finden wir die Zellgruppen, deren Aufgabe die Überwachung der sogenannten
vegetativen Funktionen ist, d. h. der Vorgänge, die dauernd
und für uns unmerklich ablaufen, wie die Wasser- und Salzausscheidung, die Regulierung des Fetthaushaltes, des Zucker-
stoffwechsels und dergleichen. Wir werden auf den Hypothalamus bei Gelegenheit der Besprechung des vegetativen
Nervensystems zurückkommen (S. 114).
Das Zwischenhirn ist auch beim Menschen, wie wir das

schon bei den Tieren gesehen haben, durch Ausstülpungen ausgezeichnet, die sich zu drüsigen Organen entwickelt haben (Abb. 35). Scheitelwärts erscheint die *Zirbeldrüse (Epiphyse)*, ein noch nicht recht geklärtes Organ, dessen Fehlen bzw. Schädigung geschlechtliche Frühreife zur Folge hat. Am Hypothalamus hängt der *Hirnanhang (Hypophyse)*, über den eine außerordentlich große Anzahl von wissenschaftlichen

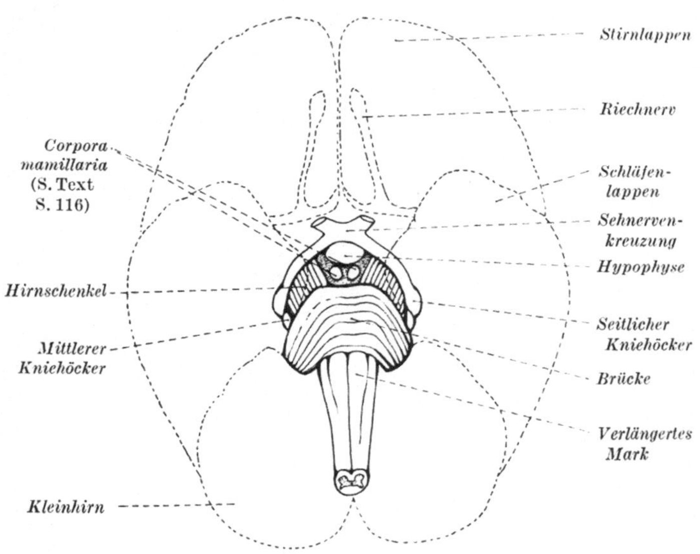

Abb. 36. Der Hirnstamm von der Unterseite. Die seitlichen und mittleren Kniehöcker sind zur Darstellung gebracht, indem der sie überdeckende Teil des Schläfenlappens durchsichtig dargestellt wird.
Vgl. auch Abb. 32a und b, S. 50 und 51.

Arbeiten vorliegt. Der Hypophyse müßte ein eigener Band gewidmet werden, so bemerkenswert ist ihre Entwicklung und ihr feinerer Bau und so vielseitig ist ihre Tätigkeit. Hier sei nur so viel gesagt, daß in der Entwicklung die Hypophyse durch Vereinigung einer Ausstülpung des Gehirns mit einer Ausstülpung des embryonalen Munddaches entsteht. Zeitlebens lassen sich diese beiden Anteile als Vorder- und Hinterlappen voneinander unterscheiden. Die Hypophyse liefert dem Körper Stoffe, die auf dem Wege des Blutgefäßsystems zu

56

den einzelnen Organen gelangen und an diesen ihre Wirkungen entfalten. Wir nennen solche Stoffe Botenstoffe (*Hormone*). Eine ganze Anzahl von ihnen wird in der Hypophyse gebildet. So stammen aus der Hypophyse z. B. ein Stoff, der den Blutdruck erhöht, ein anderer, der die Reifung der Geschlechtsdrüsen bewirkt, ein weiterer, der die Tätigkeit der glatten Muskulatur, z. B. der Gebärmutter, anregt und deshalb eine große Bedeutung in der Geburtshilfe hat, wieder ein anderer, der die Ausscheidung von Salzen und Wasser durch die Nieren beeinflußt usw.

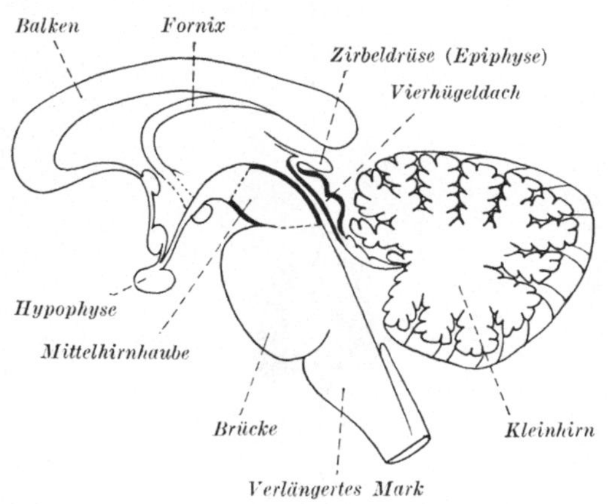

Abb 37. Schnitt in der Mittellinie des Hirnstamms zur Darstellung der Ausdehnung des Mittelhirns.

Im Gebiet des Übergangs vom Zwischenhirn zum Mittelhirn sehen wir auf der Unterseite des Hirnstamms schon mit bloßem Auge (Abb. 36) jederseits zwei ovale Erhebungen. Sie heißen von alters her die *Kniehöcker*, und wir unterscheiden die seitlichen und die mittleren Kniehöcker (*Corpora geniculata lateralia* und *medialia*). Wir verweilen hier nicht länger bei diesen Gebilden; wir erinnern uns aber an sie, wenn wir die zentralen Bahnen des Hörens und des Sehens besprechen.

Das *Mittelhirn* tritt beim Menschen verhältnismäßig zurück (Abb. 37). Bei den Fischen sahen wir es als einen beherrschenden Hirnteil, beim Menschen ist es vom Großhirn und vom Kleinhirn bedeckt und im Verhältnis zu anderen Abschnitten des Gehirns ist es kleiner als bei den Fischen. Das hat seinen Grund vor allem darin, daß beim Menschen (und bei den Säugern) die Nervenfasern des Sehnerven zum größeren Teil in anderen Gebieten enden, während sie bei den Fischen ausschließlich im Dach des Mittelhirns ihr Ende finden (vgl. Abb. 75, S. 121). Das Mittelhirndach *(Tectum)*,

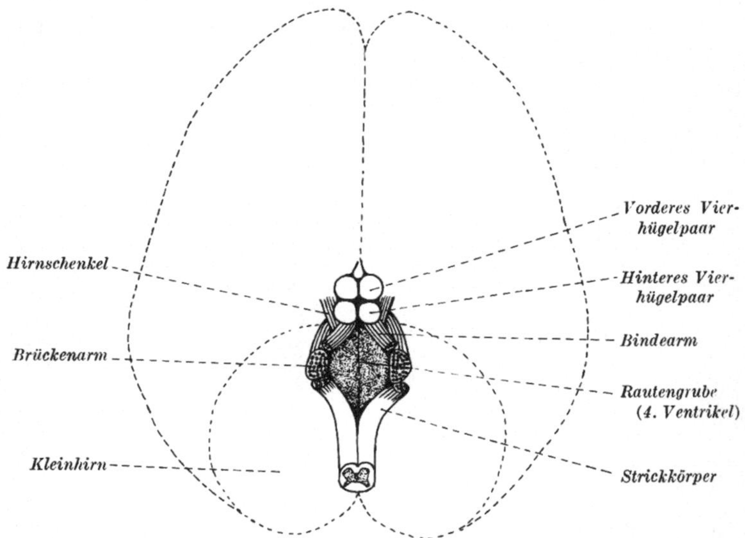

Abb. 38. Das Mittelhirndach (Vierhugeldach) beim Blick von oben auf das Gehirn. Die daruberliegenden Großhirnhemisphären sind durchsichtig dargestellt.

das von den Fischen bis zu den Vögeln jederseits eine mächtige halbkugelige Masse bildet, hat bei den Säugern und beim Menschen einen Konkurrenten bekommen. Wenn wir von oben auf das Mittelhirn blicken (Abb. 38), dann sehen wir nicht mehr zwei Hügel, sondern vier, und wir sprechen deshalb von der Vierhügelplatte *(Corpora quadrigemina)*. Die vorderen zwei Hügel entsprechen im feineren Bau und in ihren Verbindungen dem Mittelhirndach der Fische, die hinteren zwei Hügel sind neu hinzugekommen. Sie treten erstmals bei den Reptilien auf und haben mit den vorderen

Hügeln weder in der Art ihrer Verbindungen noch in ihrem
feineren Bau etwas zu tun. Die vorderen zwei Hügel gehören
dem System des Sehnerven, die hinteren zwei Hügel dem des
Hörnerven an.

Die Basis des Mittelhirns enthält wie bei den niederen
Wirbeltieren die Zentren der Augenmuskelnerven. Neu hinzugekommen sind aber schon bei den Säugetieren die großen
Fasermassen, die aus dem Großhirn zum verlängerten Mark
und zum Rückenmark herabziehen. Diese Faserzüge bilden
zwei große Bündel, die man als Hirnschenkel *(Pedunculi
cerebri)* bezeichnet (vgl. Abb. 32 a). Auf diesen Hirnschenkeln
sitzt die Mittelhirnbasis wie — nach dem Gefühl der alten

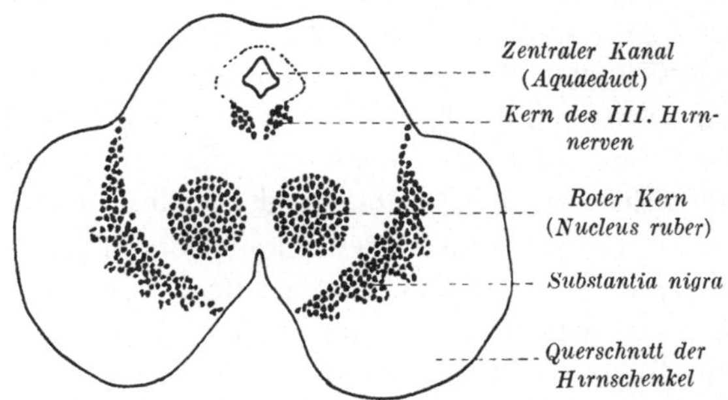

Abb. 39. Querschnitt durch das Mittelhirn mit den wichtigsten Mittelhirnkernen.

Anatomen — eine Haube, und so nennt man dieses Gebiet
mit den Zentren der Augenmuskelnerven die Mittelhirnhaube
(Tegmentum). Aber die Mittelhirnhaube (Abb. 39) enthält
nicht nur die Zentren der Augenmuskelnerven, sondern eine
Reihe weiterer sehr bedeutungsvoller Zellgruppen, unter denen
der auf dem Querschnitt durch das frische Gehirn rötlich
erscheinende *Rote Kern (Nucleus ruber)* und die „*Schwarze
Substanz*" *(Substantia nigra)* an Wichtigkeit obenan stehen.
Der rote Kern, der uns schon bei der Besprechung der aus
dem Kleinhirn stammenden Bahnen begegnet ist (S. 49).
tritt erstmals bei den Reptilien auf. Hier tun sich einige große
Zellen zu einer Gruppe zusammen und senden ihre langen
Fortsätze (Neuriten) in das Rückenmark. Die fortschreitende
Entwicklung dieses Kerns können wir dann bei den Vögeln

und den Säugetieren beobachten. Bei den Säugern kommt ein kleinzelliger Anteil hinzu, der beim Menschen besonders stark ausgebildet ist. Wir nannten weiterhin die Substantia nigra, die „Schwarze Substanz". Damit ist eine Gruppe von Nervenzellen gemeint, die an der Grenze von Haube und Hirnschenkel beiderseits als ein flaches Gebilde erscheint (Abb. 39). Den Namen „Schwarze Substanz" verdankt diese Zellgruppe dem Umstand, daß die Zellen beim Menschen (und nur bei diesem) große Mengen eines schwarzen Farbstoffes eingelagert enthalten, der der ganzen Zellgruppe auf dem Schnitt durch das Mittelhirn ein schwarzes Aussehen verleiht. Welche Bewandtnis es mit diesem Farbstoff hat, ist noch ganz und gar ungeklärt. In der ersten Lebenszeit fehlt er noch; erst etwa vom 4. Lebensjahr an lagern die Zellen den schwarzen Farbstoff ein. Dieser wird wieder im hohen Alter und auch bei Menschen, die eine Kopfgrippe (Encephalitis epidemica) überstanden haben, abgebaut.

Zwischenhirn und Mittelhirn sind durch zahlreiche Bahnen miteinander verbunden. Sie erhalten Fasern aus dem Großhirn, aus dem Kleinhirn, aus dem verlängerten Mark und aus dem Rückenmark und senden selbst wieder Bündel an diese Abschnitte des Gehirns. Wir müssen darauf verzichten, sie näher zu erläutern. Das grundsätzliche Verhalten solcher Bahnen haben wir bereits an Hand der Verbindungen des Kleinhirns geschildert (vgl. S. 46). Wer sich für Einzelheiten interessiert, der findet sie in den eingangs genannten Werken (S. VI).

Das *verlängerte Mark* wurde schon bei den niederen Wirbeltieren als der Sitz lebenswichtiger Hirnnervenzentren geschildert. Bezüglich seiner äußeren Form beim Menschen können wir uns kurz fassen. Die Oberseite nimmt eine flache, rautenförmige Grube ein, die sich nach vorne als ein enger Kanal durch das Mittelhirn bis zum Zwischenhirnventrikel und in die beiden Seitenventrikel der Großhirnhemisphären fortsetzt und nach hinten in den zentralen Kanal des Rückenmarks übergeht. Diese sogenannte Rautengrube *(4. Ventrikel)* sehen wir erst nach Wegnahme des Kleinhirns (Abb. 32 a). Im übrigen stellen wir am verlängerten Mark die Wurzeln

der Mehrzahl der aus dem Gehirn austretenden bzw. ins Gehirn eintretenden Hirnnerven fest (Abb. 40). Die Hirnnerven

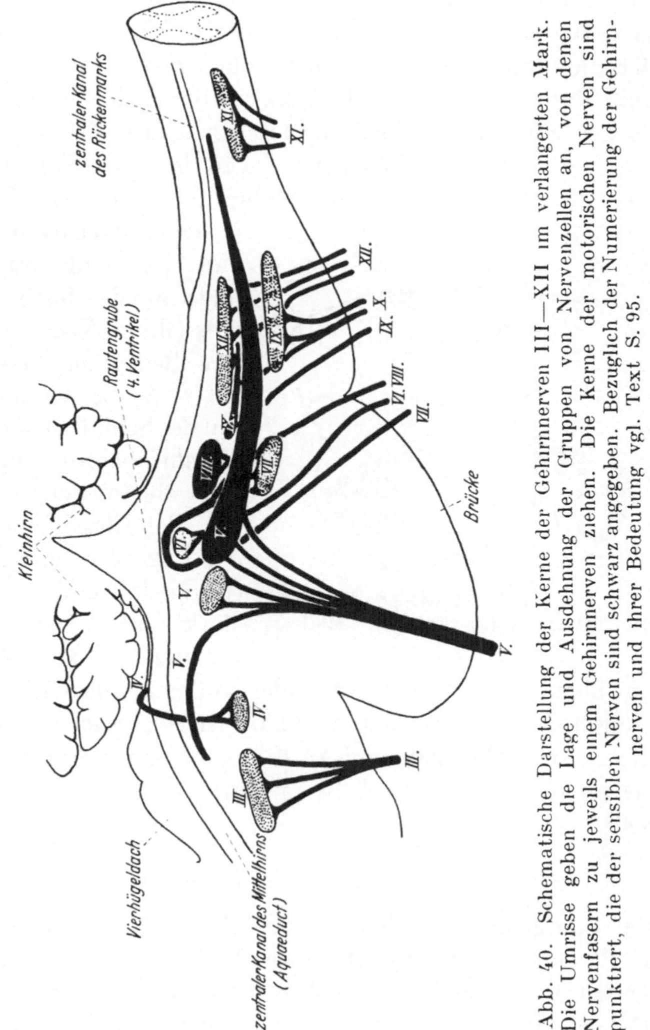

Abb. 40. Schematische Darstellung der Kerne der Gehirnnerven III—XII im verlangerten Mark. Die Umrisse geben die Lage und Ausdehnung der Gruppen von Nervenzellen an, von denen Nervenfasern zu jeweils einem Gehirnnerven ziehen. Die Kerne der motorischen Nerven sind punktiert, die der sensiblen Nerven sind schwarz angegeben. Bezüglich der Numerierung der Gehirnnerven und ihrer Bedeutung vgl. Text S. 95.

sind auf S. 95 aufgezählt und näher beschrieben. Ferner
finden wir eine Reihe von mehr oder minder auffälligen Erhebungen und Höckern. Man hat sie schon zu Zeiten beschrie-

ben, als man über den inneren Aufbau des Gehirns noch nicht Bescheid wußte, und man verglich sie deshalb rein äußerlich nach ihrer Form mit allen möglichen Gebilden. So nennt man z. B. nach ihrer Gestalt zwei ovale Erhebungen auf der Unterseite des verlängerten Marks die *Oliven.* Auf einem Schnitt durch das verlängerte Mark an der Stelle dieser Erhebungen erkennt man, daß sie durch mächtige Zellgruppen verursacht werden, die die Oberfläche zu den äußerlich sichtbaren, olivenförmigen Gebilden vorbuchten (Abb. 41). Man hat den Namen dann auf diese Kerne übertragen und nennt sie selbst ebenfalls Oliven. Wir haben ihre Bedeutung bereits auf S. 47 bei Gelegenheit der Schilderung der Kleinhirnbahnen erklärt. Wir wollen uns jetzt nicht mit der Beschreibung der Lage der einzelnen Gebilde im verlängerten Mark aufhalten. Das Wichtigste wird im Zusammenhang mit der Schilderung der großen Leitungsbahnen, die durch das verlängerte Mark hindurchziehen, noch zu beschreiben sein. Die Lage und Ausdehnung der Gehirnnervenkerne im verlängerten Mark ist in Abb. 40 schematisch dargestellt.

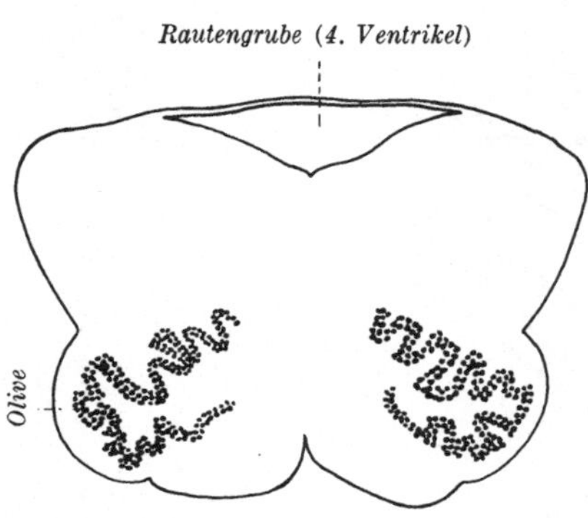

Abb. 41. Lage und Gestalt der Olive im Querschnitt durch das verlängerte Mark.

4. Das Rückenmark.

Der Übergang des verlängerten Marks in das Rückenmark geht allmählich vor sich. Die verwickelte Struktur des verlängerten Marks vereinfacht sich und wir finden im Rückenmark eine klare Scheidung von zentraler *grauer Substanz,* d. h. der Gesamtheit der Nervenzellen und einem Mantel von *weißer Substanz,* den die markhaltigen Nervenfasern bilden. Denkt man sich die weiße Substanz wegpräpariert, wie in Abb. 42, so liegt in der röhrenförmigen Hülle die

graue Substanz, die einen an das Bild eines Schmetterlings
erinnernden Querschnitt zeigt. Bei genauerer Betrachtung
eines Querschnitts durch das Rückenmark (Abb. 43) erkennt
man in der Mitte einen Hohlraum, den *Zentralkanal*. Seine
Entstehung wurde im Zusammenhang mit der Entwicklung
des Nervenrohres geschildert (vgl. S. 1).

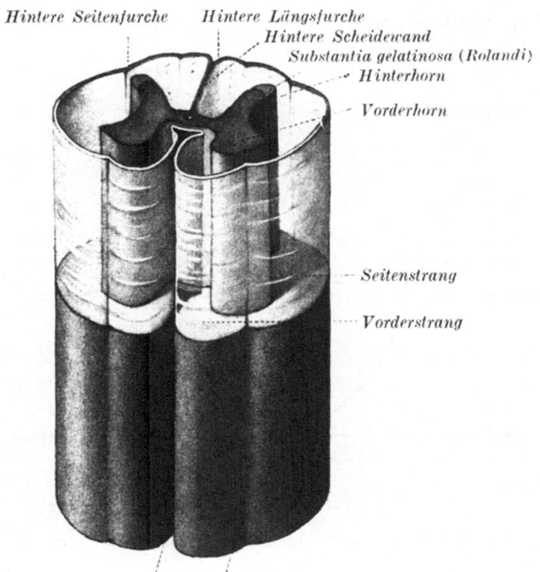

Abb. 42. Ein Stuck menschliches Ruckenmark, in dessen oberer Halfte die
weiße Substanz herausgenommen ist, um die Form der grauen Substanz zu
zeigen. Was auf dem Ruckenmarksquerschnitt (Abb 43) als „Horn" erscheint, ist in Wirklichkeit eine Saule.

Um den Zentralkanal liegen die Nervenzellen, die die
„graue Substanz" bilden. Mehrere Gruppen von ihnen finden
sich in den nach oben (d. h. nach der Rückenseite des Menschen) gerichteten schmalen, flügelartigen Ausläufern der
grauen Substanz. Wir nennen diese Ausläufer die *Hinterhörner*. Andere Zellgruppen formen entsprechende Flügel
nach vorne (d. h. in der Richtung der Bauchseite des Menschen). Dies sind die *Vorderhörner*. Als „Hörner" erscheinen

sie natürlich nur auf einem Querschnitt; aus Abb. 42 wird klar, daß es sich um durchlaufende Säulen handelt. Der Raum, der zwischen der röhrenförmigen Hülle und der grauen Substanz bleibt, wird von der weißen Substanz ausgefüllt.

Die Fasern der weißen Substanz verlaufen zwischen den Vorderhörnern, den Vorder- und Hinterhörnern und zwischen den Hinterhörnern als abgrenzbare Stränge. Sie bilden die

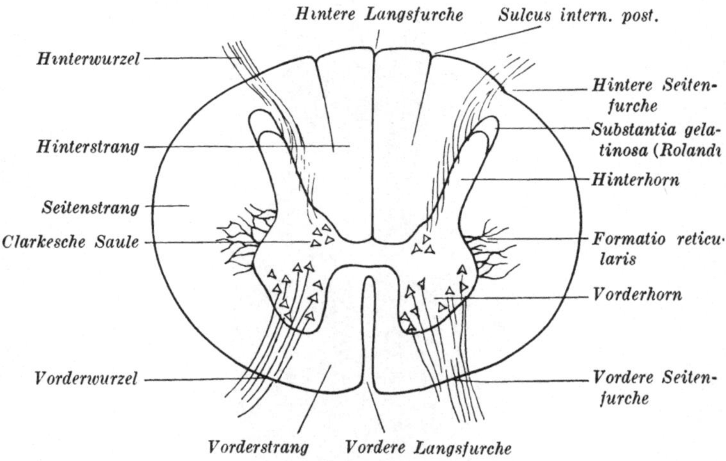

Abb. 43. Schematischer Querschnitt durch das menschliche Ruckenmark.

Vorder-, Seiten- und *Hinterstränge* des Rückenmarks. In diesen Strängen ziehen die großen Leitungsbahnen von und zum Gehirn. Die in Abb. 43 angedeuteten Furchen der Rückenmarksoberfläche interessieren hier nicht weiter; als Grenzmarken der Faserstränge sind sie von Nutzen.

Wie aus dem verlängerten Mark die Gehirnnerven, so gehen aus dem Rückenmark die *Rückenmarksnerven* hervor (Abb. 44). In regelmäßigen Abständen tritt beiderseits aus dem Vorderhorn ein Bündel von Nervenfasern aus und bildet eine sogenannte *vordere Wurzel*. Die Fasern dieser vorderen Wurzeln ziehen zu den Muskeln; die Willensimpulse, die wir beim Gehen und dergleichen unseren Muskeln erteilen, laufen über diese vorderen Wurzeln wie die Befehle einer Kom-

64

mandostelle durch den Telephondraht an die ausführenden
Organe. Das soll bezüglich der Nervenfunktion nicht mehr
als ein Vergleich sein!

In die Hinterhörner treten die Empfindungsnerven aus der
Haut und den inneren Organen ein, die die Reize aus der
Körperperipherie dem zentralen Nervensystem übermitteln.

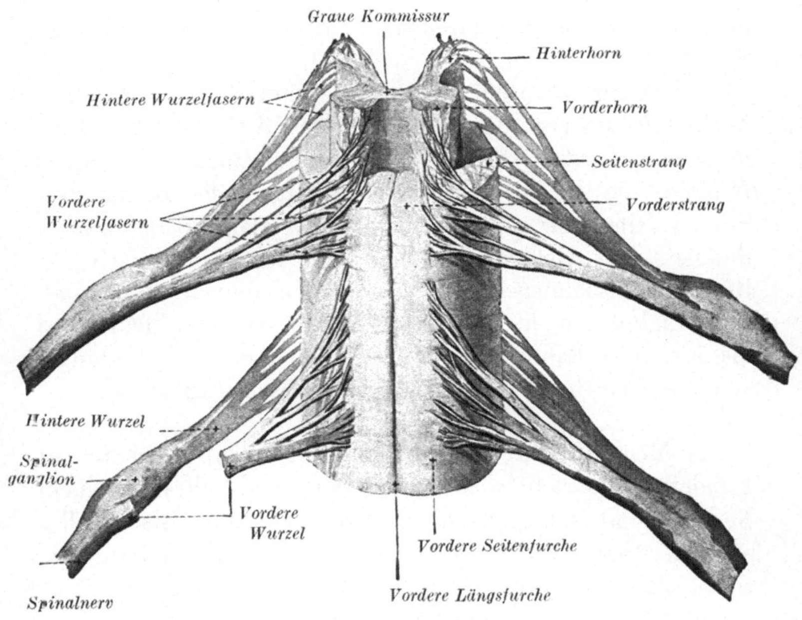

Abb. 44. Rekonstruktion der aus dem Ruckenmark austretenden Nervenwurzeln Jedem Wurzelpaar entspricht ein Ruckenmarkssegment.
(Vgl. Abb. 64, S. 99.)

Sie bilden die *hinteren Wurzeln,* die durch eine Anschwellung in einigem Abstand vom Eintritt ins Rückenmark ausgezeichnet sind. Die Anschwellungen werden von Nervenzellen gebildet, deren eine Ausläufer den Empfindungsnerven,
deren anderer die hintere Wurzel bildet (vgl. Abb. 52, S. 84).

Das Verhältnis der Nervenfasern der vorderen und hinteren
Rückenmarkswurzeln zu ihren Ursprungszellen wird aus
Abb. 43 klar. Wir sehen daraus, daß die Ursprungszellen der

vorderen Wurzeln im Rückenmark liegen und hier die Vorderhörner bilden. Die Ursprungszellen der hinteren Wurzeln liegen, wie wir schon gesehen haben, außerhalb des Rückenmarks und bilden hier die *Spinalganglien.* Grundsätzlich finden wir die gleichen Verhältnisse auch bei den Empfindungsnerven im Bereich des Gehirns; sie weisen in ihrem Verlauf vor ihrem Eintritt in das Gehirn ebenfalls jeweils eine Gruppe von Nervenzellen, d. h. ein Ganglion auf (vgl. S. 96).

Welche Aufgaben hat nun das Rückenmark und in welchem Verhältnis steht es zum Gehirn? Das Rückenmark enthält in seinen Vorder-, Seiten- und Hintersträngen die langen *Bahnen,* die aus dem Gehirn absteigend die Bewegungsimpulse leiten bzw. aus der Peripherie aufsteigend die Empfindungen dem Gehirn zuleiten. Wir fassen demnach die Rückenmarksbahnen in zwei Gruppen zusammen, die *motorischen* Bahnen, d. h. die Bahnen des Bewegungssystems, und die *sensiblen* Bahnen, d. h. die Bahnen des Empfindungssystems. Wir beginnen mit den motorischen Bahnen.

Ein Mensch steht aufrecht vor uns, macht einen Schritt geradeaus und steht wieder still. Was ist da alles in seinem Nervensystem vorgegangen? „Alles" ist schon falsch; alles nämlich wissen wir nicht. „Wissen" ist wieder falsch; wir wissen über die Vorgänge nichts. Wir kennen nur die Bahnen und Gebiete im Zentralnervensystem — auch die nur zum Teil —, die am Zustandekommen so einfach erscheinender Vorgänge, wie die des Stehens und des Gehens beteiligt sind. Auch jemand, der nicht bei der Straßenbahndirektion angestellt ist, kann sich merken, daß er mit der Linie 17 vom Münchner Hauptbahnhof nach Schwabing fahren kann, aber er weiß nicht, wie der Motor im Triebwagen funktioniert, wie die Stromzuleitung erfolgt, welche physikalischen Gesetze dem Ganzen zugrunde liegen, wie die Direktion der Straßenbahn den Verkehr regelt usw. In der gleichen Lage befinden wir uns, wenn wir auf Grund der fleißigen Arbeit vieler Forscher nun sagen können, diese oder jene Nervenbahn führt da- und dorthin, ihre Unterbrechung hat die und

die Folgen, aber was dabei eigentlich in einer Nervenbahn
vor sich geht, das wissen wir nicht. Dies sei vorausgeschickt,
damit niemand glaube, wir wären schon zum innersten Kern
dieser Fragen vorgestoßen. Nicht zu vergessen ist auch, daß
die folgende Darstellung recht vereinfacht ist. Wer nicht
geübt ist, den Eisenbahnfahrplan zu lesen, dem wird man
nicht das dicke Reichskursbuch in die Hand geben; ein kleiner
Taschenfahrplan mit den Hauptverbindungen wird ihm bessere Dienste leisten. Unsere Darstellung hier entspricht einem
Taschenfahrplan, in dem alle kleinen Nebenbahnen weggelassen sind und nur die wichtigsten Zugsverbindungen angegeben sind.

Also der Mensch steht vor uns. Man möchte meinen,
dazu bedarf es überhaupt weiter keiner besonderen nervösen Vorgänge. Daß dem nicht so ist, lehrt uns ein Versuch, der allgemein bekannt ist: Durch Einatmung von
Äther oder Chloroform wird das Nervensystem eines Menschen gelähmt (narkotisiert), und schon steht der Mensch
nicht mehr aufrecht da. Wir müssen seinen Körper an allen
Punkten unterstützen, indem wir ihn auf ein Ruhebett legen.
Also scheint das Stehen nur bei voller Funktion des Nervensystems möglich zu sein. Das „Stehen" ist sogar ein höchst
verwickeltes Problem, und in zahlreichen Versuchen haben
sich die Forscher bemüht, möglichst viele von den Faktoren
aufzudecken, die dabei mit hereinspielen. Mehr als das Stehen
interessiert uns aber die *Bewegung,* und wir nehmen den Zustand des Stehens als gegeben an. Wir zerlegen hier den
Nervenapparat, der beteiligt ist, wenn ein Mensch einen
Schritt macht oder mit seinen Händen irgendeine Tätigkeit
verrichtet.

Der Mensch *will* einen Schritt machen oder eine Handlung
durchführen. Die Willenshandlung formt sich in der Großhirnrinde. Nicht zugleich an allen Stellen, sondern in bestimmten Rindenbezirken. In unserem Falle in Teilen des
Stirnlappens. Im Stirnlappen kommt gleichsam der *Bewegungsentwurf* zustande. Dieser ist bei einer verhältnismäßig einfachen Bewegung, wie bei einem Schritt, ebenfalls
einfach. Seine Bedeutung begreifen wir besser, wenn wir uns

einen verwickelten Bewegungsablauf vorstellen, etwa das An-
zünden einer Kerze. Der Entwurf, der hier im Stirnhirn
ausgearbeitet wird, lautet etwa: Zündholzschachtel öffnen,
Zündholz herausnehmen, Zündholz an der Reibfläche der
Schachtel entzünden, brennendes Zündholz der Kerze nähern,
Zündholz auslöschen, sobald die Kerze brennt. Wie nun der
Architekt seinen Entwurf für ein Haus einem Baubüro über-
gibt, das die Reihenfolge der für den Bau notwendigen
Arbeiten festlegt, so wird im Gehirn der Bewegungsentwurf
einem Innervationsbüro übertragen, das in der *vorderen
Zentralwindung* liegt. Wir sehen diesen Rindenbezirk auf
Abb. 45 mit all seinen Unterabteilungen für die einzelnen
Muskelgebiete des Kopfes, Rumpfes, der Arme und Beine
angegeben. Hier werden also die verschiedenen Arbeiten, wie
sie der Entwurf nötig macht, auf die ausführenden Organe
verteilt.

Woher weiß man das? Man kann bei Tieren (Affen) und
bei Gelegenheit von Operationen an Menschen die vordere
Zentralwindung mit geeigneten Apparaten elektrisch reizen.
Das ist nicht schmerzhaft, sondern löst je nach der Stelle,
die gereizt wird, Bewegungen der Arme, der Beine usw. aus.
Wir wissen also, daß von dem in Abb. 45 angegebenen Bezirk die Erregungen ausgehen, die zu Kontraktion bzw. Erschlaffung der verschiedenen Muskeln der Arme, der Beine
usw. führen und damit zu deren Bewegung. Wenn wir auf
unser Beispiel vom Hausbau zurückkommen, so wird also die
Arbeit auf die einzelnen Firmen verteilt, auf die Tiefbau-
gesellschaft, auf die Gerüstbaufirma, auf die Installations-
geschäfte usw. Diese richten sich alle so ein, daß sie mit
ihren Arbeiten immer dann einsetzen und dann damit fertig
sind, wenn die für die Ausführung des Gesamtentwurfes
günstigste Zeit ist. Die Installateure können ihre Leitungen
nicht legen, bevor die Maurer die Mauern aufgeführt haben;
sie müssen aber damit fertig sein, wenn die Zimmer aus-
tapeziert werden sollen. So besorgen auch die einzelnen in
Abb. 45 angegebenen Bezirke der vorderen Zentralwindung
in harmonischer Zusammenarbeit die Innervation der betreffenden Muskelpartien und Gliedmaßenabschnitte.

Für die Übermittlung der dafür nötigen Impulse steht der
vorderen Zentralwindung ein mächtiges Leitungssystem zur
Verfügung, die *Pyramidenbahn (Tractus cortico-spinalis;*
über den Namen Pyramidenbahn siehe unten). In der Rinde
der vorderen Zentralwindung liegt eine Schicht besonders
großer Nervenzellen (Abb. 18 a, S. 34), deren Fortsätze als
die Pyramidenbahnfasern in der Richtung der Vorderhirnganglien nach unten ziehen und sich ihren Weg zwischen den
Vorderhirnganglien und dem Thalamus suchen. Hier betei-

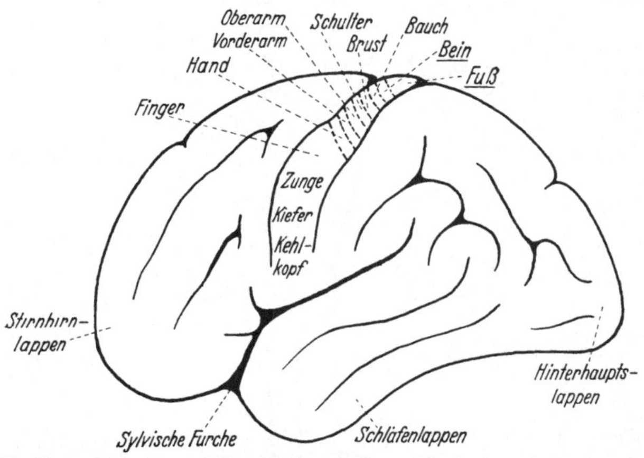

Abb 45. Motorische Reizstellen in der vorderen Zentralwindung des menschlichen Großhirns.

ligen sich die Pyramidenbahnfasern an der Bildung der sogenannten *inneren Kapsel,* die wir bereits kennengelernt
haben (S. 55). Die Fasern der Pyramidenbahn ziehen nun
weiter in der Richtung nach dem Rückenmark und treten als
die Hirnschenkel *Pedunculi cerebri,* vgl. S. 59) an die
Oberfläche des Gehirns. In ihrem weiteren Verlauf durchziehen sie jenes große, quer um das verlängerte Mark gelegene Faserbündel, das wir als die Brücke *(Pons)* ebenfalls
schon kennengelernt haben (S. 48). Wenn sie aus der Brücke
wieder auftauchen, dann bilden sie an der Unterseite des verlängerten Marks jederseits eine Erhebung, die als *Pyramide*
bezeichnet wird (vgl. Abb. 61, S. 96). Davon hat das Faserbündel den Namen Pyramidenbahn erhalten. Und nun tritt

etwas Eigenartiges ein: Das rechte und das linke Bündel
vertauschen ihre Lage, jedes kreuzt auf die Seite des anderen,
um dort weiter zu verlaufen. Wir sehen diese *Kreuzung* in
Abb. 46 angedeutet. Die Pyramidenbahn ist nicht die einzige
Bahn im Zentralnervensystem, die in ihrem Verlauf einmal

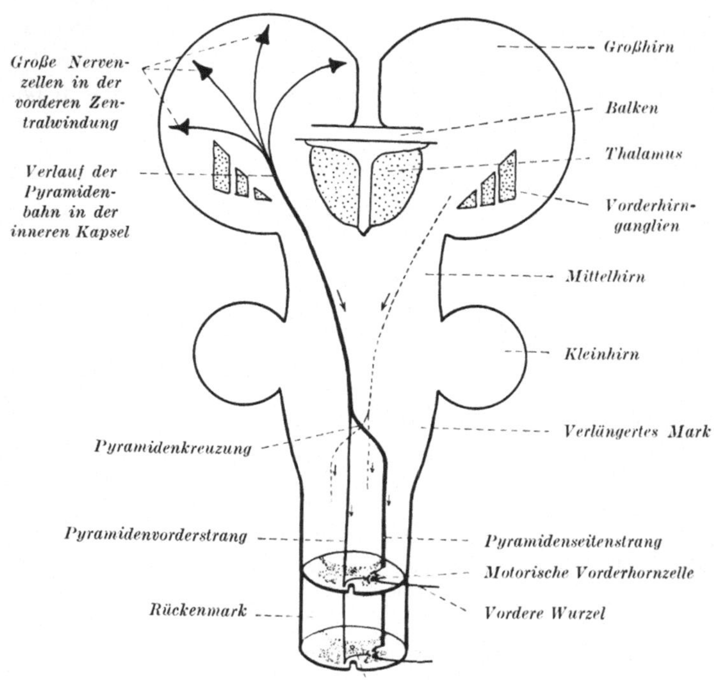

Kreuzung der Nervenfasern des ungekreuzten Pyramiden-
vorderstrangs zur Vorderhornzelle der anderen Seite
Abb. 46. Schematische Darstellung der Pyramidenbahn.

auf die andere Seite kreuzt. Den tieferen Grund dieser Nei-
gung der Nervenbahnen, zu kreuzen, kennt man trotz zahlreicher diesbezüglicher Theorien nicht. An der Stelle der
sichtbaren Kreuzung der Pyramidenbahnen vertauschen nun
nicht alle Fasern ihre Lage mit der der Gegenseite. Ein kleinerer Teil bleibt ungekreuzt. Dieser ungekreuzte Teil zieht im
Vorderstrang des Rückenmarks weiter, der gekreuzte ver-
läuft im Seitenstrang (vgl. S. 64). Und nun müssen die Be-

fehle der vorderen Zentralwindung den nächstuntergeordneten Bewegungszentren an verschiedenen Stellen des Rückenmarks übermittelt werden. In den oberen Teilen des Rückenmarks gehen ja die Nervenwurzeln für die Arme ab und im unteren Teil diejenigen für die Beine. Dementsprechend enden Pyramidenfasern im ganzen Verlauf des Rückenmarks. Sie enden an den *Vorderhornzellen* (vgl. S. 64). Man mußte das bisher immer als so gut wie sicher annehmen, ganz bestimmt weiß man es aber erst seit kurzer Zeit. Die Pyramidenfasern des *Seitenstranges* enden an den Vorderhornzellen der Seite, auf der sie nach der Kreuzung im Rückenmark liegen. Die Fasern des *Pyramidenvorderstranges*, die sich oben noch nicht entschließen konnten, gleich mit zu kreuzen, kommen nun jeweils in der Rückenmarkshöhe, in der sie an den Vorderhornzellen enden, auch herüber, und nun sind alle Fasern gekreuzt. Mit feinen, ösenartigen Gebilden enden die Pyramidenfasern an den großen Vorderhornzellen und übergeben ihnen die Befehle der vorderen Zentralwindung.

Nebenbei sei hier darauf aufmerksam gemacht, welche Länge der Ausläufer einer Nervenzelle aufweisen kann: Von der Rinde im Scheitel des Gehirns bis zum Lendenteil des Rückenmarks, bei einem erwachsenen Menschen ein gutes Stück, zieht der Fortsatz der Nervenzelle als ein überaus feiner Faden und bildet einen lebendigen Teil der Zelle. Es ist das, wie wenn ein Mensch einen 5—10 km langen Arm hätte.

Nun ist also der Impuls aus dem, sagen wir, Beingebiet der vorderen Zentralwindung der Vorderhornzelle zugegangen, und diese würde, da sie eine untergeordnete Befehlsstelle ist und von den höheren Absichten der Oberleitung nichts versteht, an ihren Muskel telephonieren: Bewegen! So würden alle Vorderhornzellen tun, die den Muskeln des Beines ihre Nervenfortsätze zusenden, und ein wüstes Durcheinander von Muskelzuckungen würde entstehen, aber keine Bewegung. Wir kennen solche ungeordnete Muskelzuckungen als Muskelkrämpfe; dabei kommt keine vernünftige Bewegung zustande. Also in unserem Beispiel vom Hausbau wäre das so, wie wenn beim Baubeginn nur einfach der Befehl: Mauern! an die Maurer ausgegeben würde, ohne daß vorher die Beschaffenheit des Baugrundes festgestellt und ein entsprechendes Fundament gegründet worden wäre, ohne daß genügend Mörtel zur Stelle ist usw. So muß auch bei einer Bewegung dafür gesorgt werden, daß die Muskeln zunächst in der richtigen Reihenfolge in Tätigkeit treten. Beim Gehen müssen also erst die Muskeln sich zusammenziehen, die den Oberschenkel heben, während ihre Gegenspieler erschlaffen; dann muß der Unterschenkel vorgesetzt werden, der Fuß in richtige Winkelstellung gebracht und sachte aufgesetzt werden, das Gewicht des ganzen Körpers muß nach vorne verlagert und das andere Bein muß nachgezogen werden, bis schließlich der Mensch an seinem neuen Ort steht. Mit dem einfachen Befehl der vorderen Zentralwindung: „Bewegen, marsch!" ist es also noch lange nicht getan.

Bei dem ganzen Vorgang muß z. B. auch das *Kleinhirn* um Rat gefragt werden. Denn unbedingt muß während des Schrittes das Gleichgewicht aufrechterhalten werden. Für den kleinen Erdenbürger, der seine ersten Schritte macht, ist die Aufrechterhaltung des Gleichgewichts das zentrale Problem. Da klappt die Zusammenarbeit noch nicht so reibungslos und das Gelingen eines Schrittes ist Glückssache.

Das *Kleinhirn* braucht für seine Aufgabe Meldungen über die Lage des Menschen im Raum. Es bekommt solche Meldungen dauernd von den *Gleichgewichtsorganen* des inneren Ohres auf dem Wege von Nervenbahnen, die aus den Gleichgewichtssinnesorganen zu Zellgruppen im verlängerten Mark ziehen, wo die Meldungen sortiert, dechiffriert und in der Sprache des Zentralnervensystems an das Kleinhirn weitergegeben werden. Aber auch die Sehzentren berichten laufend über die Wahrnehmungen der Augen an das Kleinhirn, denn der Mensch sieht, was rechts und links, oben und unten ist und richtet seine Schritte nach einem Ziel, das er mit den Augen anpeilt. Auf Grund solcher Mitteilungen kann das Kleinhirn zunächst Ratschläge erteilen, welche Muskeln in Anspruch genommen werden sollen und wie stark sie sich zusammenziehen dürfen, damit bei dem geplanten Schritt die aufrechte Stellung des Körpers nicht gefährdet wird. Mindestens ebenso wichtig wie die Berichte der Gleich-

gewichtsorgane sind für das Kleinhirn die *Meldungen aus
den Muskeln*, die sich zusammenziehen und erschlaffen,
aus den Gelenken, die bewegt werden, und *aus der Haut*,
die bei den Bewegungen gedehnt wird oder erschlafft. Es
sind da zahllose kleinste Sinnesorgane in den Sehnen, Muskeln und Gelenken, die auf Druck und Dehnung ansprechen,
und das zentrale Nervensystem auf dem Weg über Bahnen,
die wir zum Teil schon kennengelernt haben (z. B. Kleinhirnseitenstrangbahnen, S. 46), über die stets wechselnde Lage
des Beines oder des Armes fortlaufend unterrichten. So wird
sich in unserem Beispiel des Hausbaues auch das Baubüro
durch die Bauführer über den Stand der Arbeiten dauernd
unterrichten lassen und auf der anderen Seite für besondere
Fragen und Schwierigkeiten Fachleute auf Sondergebieten
zu Rate ziehen.

Wir haben also gehört, daß die einzelnen Innervationen
für eine Bewegung der Beine, der Arme usw. von der vorderen Zentralwindung ausgehen und durch die Pyramidenbahn
den Vorderhornzellen des Rückenmarks zugeleitet werden,
daß aber weiterhin regulierende Einflüsse von seiten des
Kleinhirns dazukommen, und daß die sensiblen Erregungen
aus den Gelenken und Muskeln für die richtige Ausführung
der Bewegung eine große Rolle spielen. In der neueren Zeit
hat man nun gelernt, daß ein weiteres System, dessen Anteile im Stammhirn liegen, eine große Bedeutung für die
Bewegung des Menschen hat. Wir haben bereits die Vorderhirnganglien (*Streifenkörper* und *Globus pallidus*, S. 52),
ferner die großen Zellgruppen des Mittelhirns (*Roter Hau-
benkern* und *Substantia nigra*, S. 59) erwähnt. Diese Gebiete und noch einige weitere kleine Zellgruppen im Stammhirn bilden ein System, das auf die Bewegungsvorgänge ebenfalls Einfluß nimmt, ohne daß unser Bewußtsein damit belastet wird. Man nennt dieses System von Zellgruppen und
Faserbahnen, weil es neben der Pyramidenbahn die Bewegungsvorgänge reguliert, das *extrapyramidale System*. Es
besteht in der Hauptsache aus den schon genannten Zellgruppen und den davon ausgehenden Faserzügen. Das wichtigste Faserbündel dieses Systems zieht vom Roten Hauben-

kern rückenmarkwärts, kreuzt wie die Pyramidenbahn, wenn auch an einer anderen Stelle, und seine Fasern enden ebenfalls an den Vorderhornzellen *(Tractus rubrospinalis* von Monakow, Abb. 47). Wenn das extrapyramidale System im Greisenalter funktionsuntüchtig wird oder nach Überstehen einer Kopfgrippe (Encephalitis epidemica Economo)

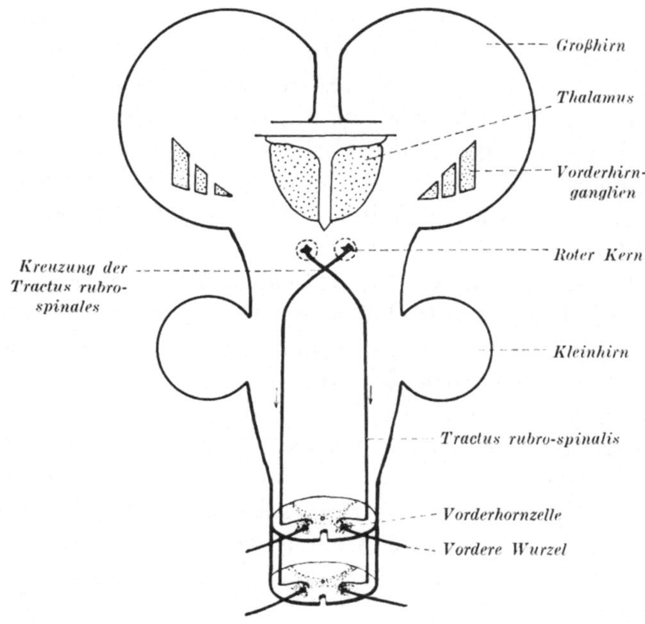

Abb. 47 Schematische Darstellung der wichtigsten extrapyramidalen Bahn (Tractus rubro-spinalis).

geschädigt ist, so treten neben Zittern, vornübergebeugter Haltung usw. vor allem Störungen beim Gehen auf.

Das Verhältnis zwischen dem System der Pyramidenbahn und dem extrapyramidalen System können wir uns etwa folgendermaßen vergegenwärtigen: Wenn wir eine Bewegungsform lernen, z. B. das Schifahren, dann müssen wir jede Teilbewegung bewußt und überlegend ausführen. Dabei benutzen wir die Pyramidenbahn für die Übermittlung der einzelnen Befehle an die Muskeln, die wir so vom Gehirn an

74

die Muskeln weitergeben, wie wir sie vom Schilehrer gehört
haben. Eine besonders flüssige und elegante Fahrt kommt
so nicht zustande. Erst wenn wir genügend lange geübt haben,
dann müssen wir nicht jede Bewegung überlegen, wir reihen
sie gefühlsmäßig und flüssig aneinander. Jetzt hat das extrapyramidale System die neugelernte Bewegungsform über-
nommen, und wir machen die Schwünge ohne Überlegung
der einzelnen dazu nötigen Bewegungen.

Wir haben noch nicht alle Zentren und Systeme aufgezählt,
die auf einen so einfach erscheinenden Vorgang wie die
Ausführung eines Schrittes Einfluß nehmen. Das Gesagte
mag aber genügen für die Erörterung einer Frage, die uns
zur Erwerbung eines weiteren wichtigen Grundbegriffes der
Nervenphysiologie führen wird. Wir fragen uns, wie kommt
nun bei der Einflußnahme verschiedener, übergeordneter nervöser Systeme doch eine sinnvolle Erregung der Muskulatur
und eine zweckentsprechende Bewegung zustande. Steht etwa
die vordere Zentralwindung mit einem Teil der Vorderhornzellen in Verbindung, das Kleinhirn mit einem anderen, das
extrapyramidale System wieder mit einem anderen? Nein,
an jeder Vorderhornzelle enden Fasern aller dieser übergeordneten Systeme, und die schließlich von der Vorderhornzelle
an die Muskeln ausgesandte Erregung ist das Ergebnis der
verschiedenen Einflüsse von Seiten verschiedener übergeordneter Zentren. Die Vorderhornzelle des Rückenmarks bildet
mit ihrem Ausläufer, der zu den Muskeln zieht, die *„gemeinsame Endstrecke"* für alle die Erregungen, die von verschiedenen Stellen des Gehirns zur Muskulatur gelangen sollen.
So wie ein Abgeordneter des Parlamentes die „gemeinsame
Endstrecke" für die Wünsche, Anschauungen, Forderungen
einer bestimmten Anzahl von Wählern darstellt, so verarbeitet die Vorderhornzelle all das, was die verschiedenen
Hirnzentren vom Muskel wollen, und formt die endgültigen
Befehle.

Wir sehen in Abb. 48 eine schematische Darstellung der
„gemeinsamen Endstrecke". Die direkten Bahnen aus den
sensiblen Endigungen der Haut, den Muskeln und Gelenken
stellen wohl die ursprünglichsten Verbindungen dieser Art

dar; schon bei den primitiven Tieren bestehen solche kurze
Verbindungen, die wir uns an jedem Regenwurm vor Augen
führen können. Jede Berührung der Haut beantwortet der

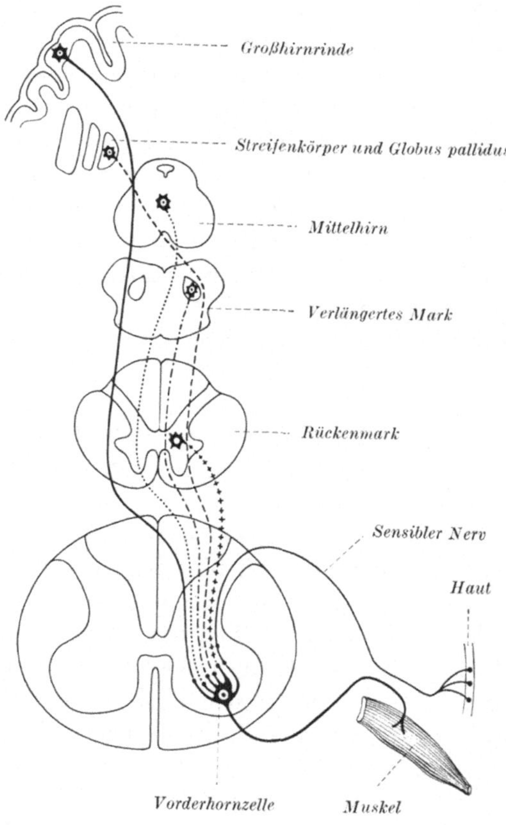

Abb. 48. Die „gemeinsame Endstrecke" und die auf sie Einfluß nehmenden
Bahnen aus der Großhirnrinde (Pyramidenbahn), aus den Vorderhirnganglien, aus dem Mittelhirn und aus dem verlangerten Mark (extrapyramidale Bahnen) und aus anderen Ruckenmarksabschnitten. Aus der Haut
tritt die direkte Reflexbahn (vgl. Text S. 132) an die Vorderhornzelle heran.

Wurm mit einer Zusammenziehung seiner Körpermuskulatur
(vgl. auch die Reflexe S. 131). Die Bahnen des extrapyramidalen Systems, des Gleichgewichtsapparates usw. sind später
dazugekommen und bilden die Grundlagen für das Zustande-

kommen jener Massenbewegungen der Tiere, die uns als die
heftigen Zappel- und Strampelbewegungen eines festgehalte-
nen Tieres wohlbekannt sind. Die höheren Impulse, denen wir
die Verfeinerung unserer Bewegungen verdanken, stammen
aus dem Großhirn, einer späten Erwerbung der Tierreihe.
Wir haben den Ursprung solcher Impulse in der vorderen
Zentralwindung der Großhirnrinde lokalisieren können und
haben ihre Leitung durch das System der Pyramidenbahn
verfolgt.

Die „normale" Bewegung, wie wir sie am nervengesunden
Menschen beobachten, haben wir nach all dem Gesagten als
ein bestimmtes gegenseitiges Verhältnis der Impulse aus den
verschiedenen beteiligten Gebieten des Zentralnervensystems
zu verstehen. Eine Verschiebung dieses Verhältnisses durch
Ausfall einer oder mehrerer dieser Zuleitungen führt zu Be-
wegungsstörungen, die je nachdem, welches Zentrum oder
welche Bahn betroffen ist, einen verschiedenen Charakter
zeigen. Die Folgen sind also verschieden, wenn durch einen
krankhaften Prozeß die „gemeinsame Endstrecke", d. h. die
Vorderhornzelle und ihr Nervenfortsatz, zerstört wird oder
wenn eine bzw. mehrere jener Leitungen ausfallen, die aus
verschiedenen Gebieten des Zentralnervensystems an die Vorderhornzelle herantreten und miteinander in ihrem Einfluß
auf diese konkurrieren.

In beiden Fällen kommt es zwar zu einer Störung der Be-
weglichkeit, die Art der Störung ist aber verschieden. Wird
die „gemeinsame Endstrecke" an irgendeiner Stelle unterbrochen, so sind die davon betroffenen Muskeln ohne jeden
nervösen Impuls; sie sind *schlaff gelähmt*. Sind alle Muskeln
eines Armes von ihren motorischen Nerven getrennt, dann
fällt der Arm des Patienten, wenn wir ihn hochheben, wie
leblos zurück. In der Praxis sagt man, es liegt eine Nerven-
lähmung durch Verletzung u. dgl. vor.

Ein ganz anderes Bild bietet ein Mensch, der vor einiger
Zeit einen *Schlaganfall* erlitten hat. Auch hier sind z. B.
Arm und Bein einer Seite mehr oder minder gelähmt, und
auch hier müssen Nervenbahnen unterbrochen sein. Die gelähmten Glieder sind aber nicht schlaff, sondern die Muskeln

sind gespannt, so daß die Glieder dem Versuch, sie zu bewegen, einen starken Widerstand entgegensetzen. Eine solche *Krampflähmung* deutet auf eine Unterbrechung im Bereich der Pyramidenbahn hin. Die Pyramidenbahn leitet nämlich den Vorderhornzellen nicht nur Impulse zu, sondern sie dämpft auch deren Übereifer und sorgt dafür, daß Anspannung und Erschlaffung bei den Muskeln im rechten Verhältnis zueinander stehen. Fällt dieser Einfluß der Pyramidenbahn weg, dann fließen den Muskeln aus den Vorderhornzellen dauernd Erregungen zu, die die Muskeln in einen anhaltenden Zustand der Spannung versetzen. Meist handelt es sich bei der Unterbrechung der Pyramidenbahn um eine Blutung in der inneren Kapsel (S. 55). Die Blutgefäße der inneren Kapsel neigen offenbar zu krankhaften Veränderungen, die den Durchtritt einer größeren Blutmenge in das Gehirngewebe verschulden. Solche Blutungen treten besonders nach Anstrengungen auf, die mit übermäßiger Erhöhung des Blutdrucks einhergehen. Das ausgetretene Blut verdrängt, zerreißt und zerstört die Hirnsubstanz und unterbricht die in der inneren Kapsel eng beieinander liegenden Fasern aus der Großhirnrinde, die als Projektionsbahnen (S. 40), wie z. B. die *Pyramidenbahn*, zum Rückenmark absteigen. Diese Bahnen kreuzen, wie wir schon erfahren haben (S. 70), zur anderen Seite, und so sagt uns etwa die Lähmung der rechten Körperseite, daß der Blutungsherd auf der linken Seite des Gehirns liegen muß. Unmittelbar nach der Blutung sind die Störungen in der Regel schwerwiegender als später, wenn sich das erhalten gebliebene Gehirngewebe in der Umgebung des Blutungsherdes wieder erholt hat. So kommen Krankheitszeichen („*Symptome*") zustande, die dem Arzt die Erkrankung dieses oder jenes Bezirkes des Zentralnervensystems anzeigen. Wir sehen hier, wie die Kenntnis des Baues und der normalen Funktion des Nervensystems die unmittelbare Voraussetzung für zielsicheres ärztliches Handeln darstellt.

Soweit über die motorischen Bahnen des Rückenmarks. Wir wenden uns nun der Besprechung der *sensiblen*, die Empfindungen leitenden und zum Gehirn aufsteigenden Bahnen zu.

Zahnschmerzen und ähnliche Einrichtungen könnten wir
eigentlich ganz gut entbehren, ohne deshalb unglücklicher
zu werden. So sehr wir im ersten Augenblick mit dieser Feststellung einverstanden sind, so wenig stimmt sie. Würden
wir rechtzeitig zum Zahnarzt gehen, ohne daß der Zahn so
lange tobt, bis wir ihm Hilfe angedeihen lassen? Wir würden das kleine Loch nicht bemerken, durch das die Bakterien
eindringen, wir würden nicht spüren, wie die Zahnwurzeln
vereitern, der Kieferknochen angegriffen wird, und erst,
wenn es zu spät ist, würden wir etwas unternehmen. Hier
warnt uns der Schmerz, der „bellende Wächter der Gesundheit". So würde man sich auch vorstellen, wie gut es sein
müßte, wenn nicht jede kleine Verletzung an den Händen
gleich schmerzen würde, wenn wir unempfindlich wären
gegen die heiße Herdplatte u. dgl. Aber es gibt Menschen,
denen durch eine Erkrankung des Rückenmarks die Empfindung für Schmerz abhanden gekommen ist. Der Arzt kann
die Art ihrer Erkrankung oft auf den ersten Blick erkennen,
denn ihre Hände sind verstümmelt und mit zahlreichen Narben bedeckt. Diese Bedauernswerten sind zwar so glücklich,
nichts zu spüren, aber sie können auch nicht genügend auf
ihre Gesundheit achten, verbrennen sich, schneiden und stoßen sich ohne Schmerzempfindung, aber mit desto mehr
Schaden. Ist das vielleicht besser? Die sofortige Schmerzempfindung, sobald wir uns etwa mit dem Messer schneiden,
veranlaßt uns, im Schneiden innezuhalten. Wir lernen hier also
den Schmerz von einer ganz anderen Seite kennen, nämlich
von seiner nützlichen, und es ist schon wert, sich näher mit
den Nervenbahnen zu befassen, die an der Schmerzleitung
beteiligt sind (Abb. 49).

An der geschnittenen oder gestoßenen Körperstelle werden
Nervenendigungen durch die plötzliche Zustandsänderung
ihrer Umgebung gereizt. Diese Nervenenden sind, wie wir
wissen, die Fortsätze von Nervenzellen, die in den Spinalganglien (S. 66) angehäuft liegen. Einen anderen Fortsatz
schicken diese Zellen ins Rückenmark. Dieser endet dort an
den Nervenzellen des Hinterhorns (S. 64). Mit dem Nervenfortsatz (Neuriten) der Hinterhornzelle beginnt nun die

sensible Bahn, die im Rückenmark aufsteigt und dabei innerhalb der grauen Substanz des Rückenmarks zur anderen Seite *kreuzt.* Auf der Gegenseite treten diese Nervenfortsätze in die weiße Substanz über und bleiben nun im weiteren Verlauf im Rückenmark an der gleichen Stelle, nämlich im *Seitenstrang.* Je weiter wir vom unteren Ende des Rückenmarks

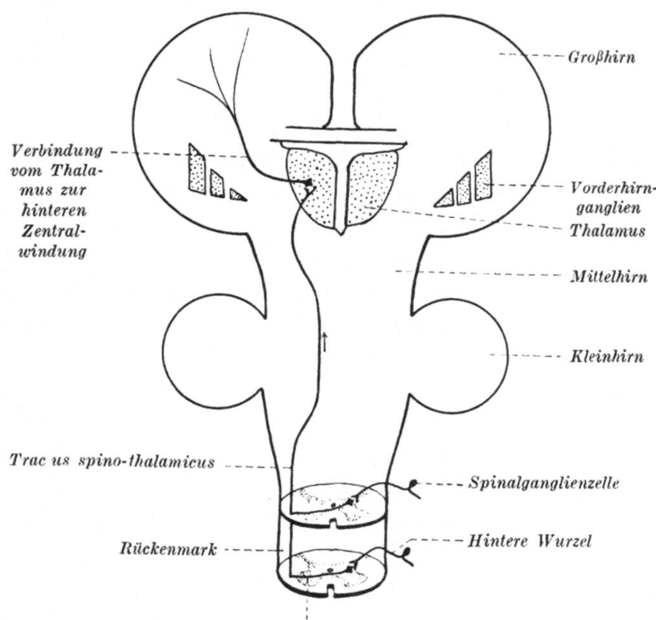

Abb. 49. Schematische Darstellung der Schmerz- und Temperaturleitung (Tractus spino-thalamicus).

nach oben gelangen, desto mehr solcher Nervenfasern sammeln sich aus den hinteren Wurzeln des Rückenmarks, und schließlich haben wir ein Bündel von Fasern vor uns, einen Faserzug oder Tractus. Die die Schmerz- und Temperaturempfindungen leitenden Fasern ziehen vom Rückenmark (*Medulla spinalis*) weiter zum *Thalamus* (S. 54), und man nennt die von ihnen gebildete Bahn den *Tractus spino-thalamicus.* Der Thalamus ist, wie schon einmal betont wurde, die große Schaltstätte für die Sensibilität, und hier endet also auch die Rückenmarksbahn für die Schmerz- und Temperaturleitung.

Vom Thalamus ziehen dann die Fasern teils direkt durch die innere Kapsel, teils auf einem Umweg über die Vorderhirnganglien (S. 52) zur *hinteren Zentralwindung* (S. 28). Die hintere Zentralwindung hat durch Assoziationsfasern (S. 39) mit zahlreichen anderen Zentren Verbindungen und kann auf alle die Apparate umschalten, die bei einer Schmerzempfindung in Aktion treten. So können z. B. über die motorischen Bahnen die Muskeln des Armes, dessen Finger eben der heißen Herdplatte zu nahe kommen, zu schleunigster Kontraktion veranlaßt werden, so daß der betreffende Mensch sogleich seine Hand zurückzieht. Aber auch andere Systeme werden in Tätigkeit gesetzt, z. B. der komplizierte Stimmapparat, und ein Schmerzensschrei begleitet die Schmerzempfindung.

Bei jener eingangs dieses Abschnittes über das Empfindungssystem erwähnten Erkrankung (Syringomyelie) treten nun infolge von Entwicklungsstörungen Höhlenbildungen im Rückenmark auf, die die oben beschriebene Kreuzung der Schmerz- und Temperaturleitung unterbrechen. Diese Unterbrechung führt zu der geschilderten Empfindungslosigkeit gegen Verbrennung, Stechen, Stoßen usw.

Aber es muß ja nicht immer schmerzen, wir empfinden auch zarte Berührung, wir können glatt und rauh unterscheiden usw. Auch diese Empfindungen gelangen z. T. durch die spino-thalamische Bahn ins Gehirn. An der Leitung der Berührungsempfindungen ist aber auch ein anderes System von langen, zum Gehirn aufsteigenden Bahnen beteiligt. Es sind das die *Hinterstrangsbahnen* (Abb. 50), deren Hauptaufgabe aber nicht die Leitung von Berührungsempfindungen, sondern der sog. *Tiefensensibilität* ist. Darunter versteht man die Empfindungen des Muskelsinnes, die verschieden sind je nach dem Spannungszustand der Muskeln und der Lage der Knochen und Gelenke.

Wir haben schon erörtert, wie wichtig es für die richtige Ausführung einer Bewegung ist, daß wir über die Span-

nung und Lage der Muskeln orientiert sind, weil sonst
unsere Bewegungen unbeherrscht und ungelenk werden. Der
stampfende Gang des an Tabes (vgl. S. 154) Erkrankten ist
ein Beispiel für die Bedeutung solcher Empfindungen aus
den tieferen Partien des Rumpfes und der Extremitäten, nämlich aus den Muskeln und Gelenken. Die Bahnen, die diese
Empfindungen leiten, ziehen wieder durch die hinteren Wur-

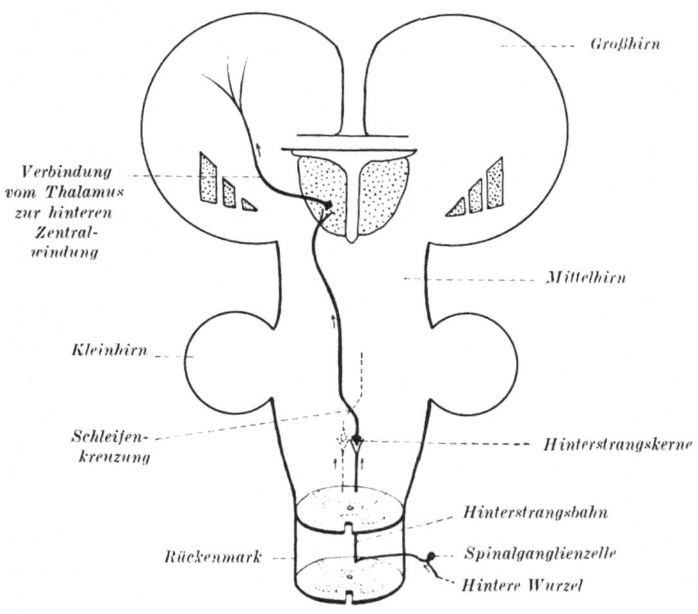

Abb. 50. Schematische Darstellung der Hinterstrangsbahnen

zeln ins Rückenmark. Die Zellkörper liegen auch in diesem
Falle in den Spinalganglien. Ihrem weiteren Verlauf nach
unterscheiden wir nun zwei verschiedene Bahnsysteme. Die
Fasern der ersten Gruppe ziehen in den Hintersträngen des
Rückenmarks gehirnwärts und enden erst an Zellgruppen,
die etwa an der Grenze von Rückenmark und verlängertem
Mark liegen. Man nennt diese Zellgruppen die *Hinterstrangs-
kerne* (in Abb. 50 schematisiert angegeben). Dabei ist es für
uns unwesentlich, daß man zwei Hinterstrangsbündel unter-

scheidet, ein mittleres und ein seitlich davon liegendes (Fasciculus gracilis G o l l, Fasciculus cuneatus B u r d a c h). Mit den Hinterstrangskernen beginnt eine neue sensible Bahn, die zur Gegenseite kreuzt und die sich mit der Schmerz- und Temperaturleitung (Tractus spino-thalamicus, vgl. S. 8o) zu einem mächtigen Bündel von Fasern vereinigt, das als mittlere *Schleifenbahn (Lemniscus medialis)* zum *Thalamus* auf-

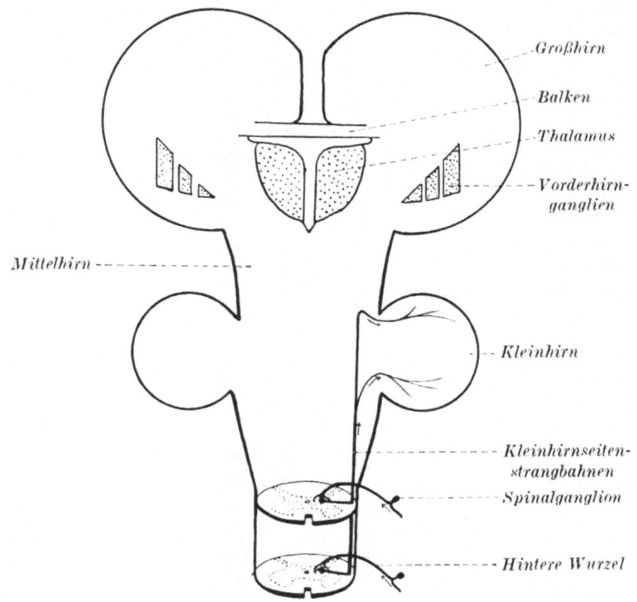

Abb 51. Schematische Darstellung der Kleinhirnseitenstrangbahnen.

steigt. Also auch die Hinterstrangsfasern leiten ihre Muskelempfindungen zum Zentrum der Sensibilität, dem Thalamus. Die Weiterleitung zur Großhirnrinde ist die gleiche wie für die Schmerz- und Temperaturempfindungen, nämlich zur *hinteren Zentralwindung* (vgl. S. 28).

Der Thalamus ist das subcorticale Zentrum der allgemeinen Körpersensibilität, die hintere Zentralwindung ist das zugehörige Rindengebiet. Wir werden jeweils entsprechende Verhältnisse zwischen subcorticalen Zentren und zugehörigen

Rindengebieten auch bei den zentralen Sinnesapparaten (Sehbahn, Hörbahn usw.) kennenlernen (vgl. S. 120, 125). Nebenbei sei erwähnt, daß sich der großen sensiblen Bahn bei ihrem

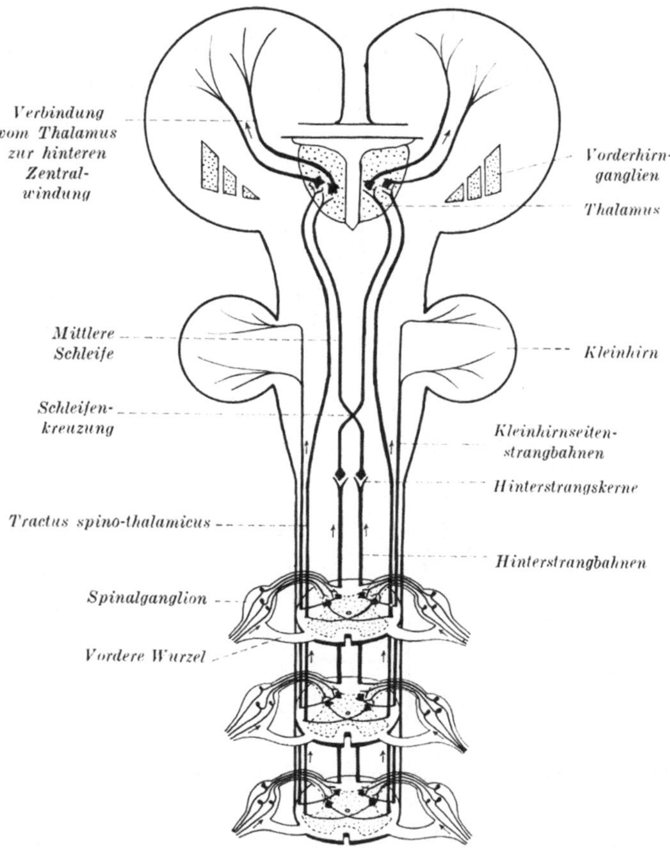

Abb. 52.   Schematische Darstellung der wichtigsten aufsteigenden sensiblen
Bahnen.

Weg als mediale Schleife durch das verlängerte Mark auch
Fasern aus den sensiblen Hirnnerven, z. B. aus dem Nervus
trigeminus, zugesellen.

Ein Teil der unbewußten Tiefensensibilität wird aber durch
andere Bahnen dem *Kleinhirn* zugeleitet (Abb. 51). Hierbei enden

84

die Fasern der hinteren Wurzeln an Zellgruppen im Hinterhorn des Rückenmarks, die man als die Clarkeschen Säulen (Abb. 43, S. 64) bezeichnet. Von diesen geht die Rückenmarks-

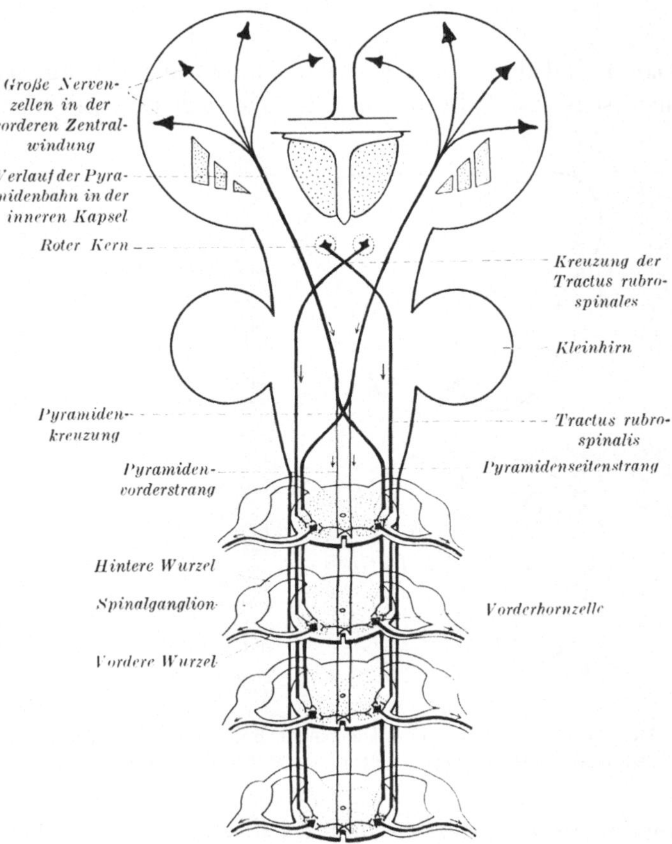

Abb. 53. Schematische Darstellung der wichtigsten absteigenden motorischen Bahnen.

bahn aus, die zur Gegenseite kreuzt, um im Seitenstrang des Rückenmarks zum Kleinhirn aufzusteigen (*Tractus spino-cerebellares* = Flechsigsches und Gowerssches Bündel). Wir haben schon gehört, daß für die Aufrechterhaltung des Gleichgewichts das Kleinhirn von großer Bedeutung ist (S. 72), und wir verstehen nun, daß auch im Kleinhirn Bahnen des Muskelsinns enden müssen. Wie das Kleinhirn wieder durch seine Verbindungen, besonders durch seine Beziehungen zum extrapyramidalen motorischen System (S. 49) Einfluß auf die Bewegung nimmt, haben wir ebenfalls bereits angedeutet (S. 73).

Damit sind die wichtigsten, aus dem Rückenmark aufsteigenden sensiblen Bahnen genannt. Wir stellen sie hier noch

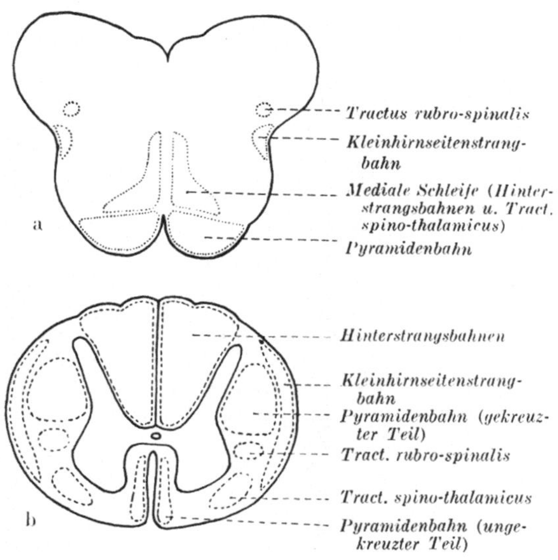

Abb. 54. Die Lage der auf- und absteigenden Bahnen auf dem Querschnitt. a) Durch das verlängerte Mark. b) Durch das Rückenmark.

einmal in einem Schema zusammen (Abb. 52) und vergleichen sie mit einem Schema der absteigenden, motorischen Bahnen (Abb. 53). In den beiden schematischen Abbildungen sind nur die bedeutenderen Bahnen angedeutet. Dennoch kann man sich vorstellen, wie verwickelt das System der Bahnen im Gehirn und Rückenmark ineinandergreift, wenn man sich die Abb. 52 und 53 miteinander vereinigt denkt. Vergleichen wir schließlich damit einige Querschnitte durch das verlängerte Mark und das Rückenmark, so erkennen wir wieder die gegenseitigen Lageverhältnisse der im vorangehenden geschilderten Bahnen (Abb. 54), ohne daß wir im einzelnen darauf eingehen wollen.

5. Blutversorgung, Liquor, Hüllen.

Zum Gehirn und Rückenmark gehören nicht nur Nerven- und Gliazellen, sondern auch Blutgefäße. Diese führen in zahllosen feinsten Verzweigungen den Nervenzellen Nahrung und Sauerstoff zu und entfernen die schädlichen Endprodukte

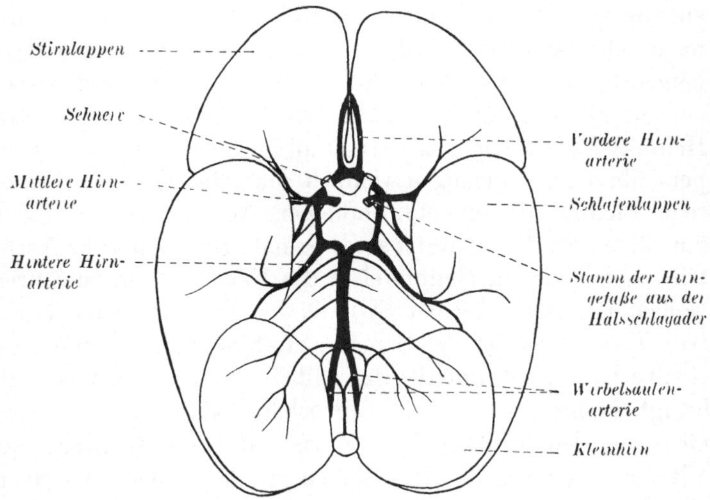

Abb 55   Die Blutgefäßversorgung des menschlichen Gehirns. Ansicht der Unterseite des Gehirns

des Stoffwechsels. Von allen Organen kann das Gehirn die kürzeste Zeit nur auf den dauernd kreisenden Strom des Blutes verzichten. Unterbindung des Kreislaufs im Gehirn durch Druck auf die großen Halsschlagadern, die dem Gehirn das Blut zuführen, hat Bewußtlosigkeit und raschen Tod (Erhängen!) zur Folge. Wir sehen auf Abb. 55 die Hauptblutgefäßstämme, die an der Schädelbasis eintreten und sich im Gehirn nach allen Seiten verteilen. Wenn ein Blutgerinnsel aus dem Blutkreislauf des Körpers in einen der Äste der Gehirngefäße gelangt *(Gehirnembolie)* und den Ast verstopft, dann reichen die Nachbargefäße nicht aus, um das betreffende Versorgungsgebiet zu ernähren. Dieses geht vielmehr rasch zugrunde, und je nach seiner Bedeutung machen sich bei den betreffenden Menschen verschiedene Ausfallserscheinungen geltend. Werden größere Gefäßstämme verstopft, dann tritt augenblicklich der Tod ein.

Höchst interessant ist das verschiedene Verhalten der Blutgefäße des Gehirns gegenüber den im Blute kreisenden Stoffen. Es hat sich nämlich herausgestellt, daß manche Stoffe aus dem Blut ins Gehirn übertreten können, andere aber nicht. Die Narkotika (Chloroform, Äther, Alkohol usw.) gelangen offenbar aus dem Blut ins Nervengewebe und wirken auf die Ganglienzellen. Andere Substanzen aber, Farbstoffe, Heilmittel usw., die aus dem Blut in alle Organe des Körpers übertreten, gelangen vielfach nicht ins Gehirn. Das ist sehr wichtig, da die empfindlichen Nervenzellen so gegen schädliche Stoffe geschützt sind; es hat aber auch seine Nachteile, wenn wir ein Heilmittel in das Nervensystem einführen wollen. Besonders bei der Syphilis des Nervensystems *(Paralyse, Tabes)*, bei der der Erreger, die *Spirochaeta pallida*, im Gehirn bzw. Rückenmark sitzt und ihr Zerstörungswerk vollbringt, können wir das die Spirochäten abtötende Salvarsan nicht auf dem Blutweg ins Gehirn einführen. Während wir mit dem Salvarsan die Spirochäten in allen anderen Organen erreichen können, besteht eine Art von *Blut-Gehirnschranke*, die das Salvarsan nicht ins Gehirn eintreten läßt. Die ins Gehirn eingedrungenen Spirochäten entgehen so der Behandlung, und erst einige Jahre später können ihre verheerenden Wirkungen am Zentralnervensystem in Erscheinung treten. Kein Wunder, wenn die Medizin mit Hochdruck daran arbeitet, ein Mittel zu finden, das von der Blut-Gehirnschranke durchgelassen wird, die Spirochäten tötet und die Nervenzellen nicht schädigt.

Das Zentralnervensystem hat noch ein weiteres, ihm eigenes Zirkulationssystem. Wir wissen von der Entwicklung des Zentralnervensystems her, daß im Gehirn mehrere Hohlräume angelegt sind, die untereinander durch einen zentralen

Kanal verbunden sind (vgl. S. 3, Abb. 2 und 3). In jeder
Großhirnhemisphäre finden wir einen solchen Hohlraum, den
Seitenventrikel; ferner besitzt das Zwischenhirn einen Hohlraum, der auch als *3. Ventrikel* bezeichnet wird, und schließlich führt ein enger Kanal durch das Mittelhirn, von den alten Anatomen die *Sylvische Wasserleitung* (Aquädukt) genannt, zum *4. Ventrikel* des verlängerten Marks. Der 4. Ventrikel (Rautengrube) wird oben von einer dünnen, häutigen
Decke abgeschlossen (Dach des 4. Ventrikels) und setzt sich
in den *Zentralkanal des Rückenmarks* fort. Dieses Hohlraum-

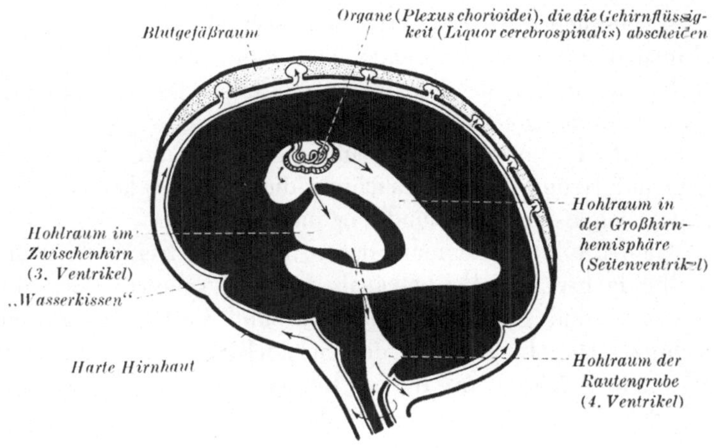

Abb 56 Die Stromung der Gehirnflussigkeit (Liquor cerebrospinalis)
in den Hohlraumen des Gehirns.

system des Gehirns ist mit einer wäßrigen Flüssigkeit ge-
füllt, die dauernd von drüsigen Gebilden in den Seitenventri-
keln, im 3. und im 4. Ventrikel (*Plexus chorioidei*) abgeson-
dert wird. Diese Flüssigkeit strömt durch die Hohlräume des
Gehirns und tritt durch das Dach des 4. Ventrikels aus. Sie
umspült dann auch Gehirn und Rückenmark von außen
(Abb. 56). Durch besondere Organe (Arachnoidalzotten) wird
diese Flüssigkeit schließlich aufgenommen und wieder dem
Blutstrom zugeführt. Sie ist offenbar ebenso wie das Blut
für die Entfernung von Endprodukten des Stoffwechsels von

Bedeutung und gewährleistet dem Nervensystem eine gleichbleibende Umgebung. Störungen im Abfluß führen zu einer bekannten Krankheitserscheinung, zum Wasserkopf (*Hydrocephalus*).

Auch zwischen dem Blut und dieser Flüssigkeit in den Hohlräumen des Gehirns (*Liquor cerebro-spinalis*) besteht eine Schranke wie zwischen Blut und Gehirn, und nur eine Auswahl von Stoffen kann aus dem Blut in den Liquor cerebro-spinalis übertreten. Für den Arzt ist die das Gehirn und das Rückenmark umspülende Flüssigkeit von großer Bedeutung für die Erkennung (*Diagnose*) bestimmter Erkrankungen, besonders der syphilitischen Nervenkrankheiten. Durch Einstich mit einer Hohlnadel in den unteren Teil des Wirbelkanals unterhalb des untersten Endes des Rückenmarks (*Lumbalpunktion*) entnimmt der Arzt einige Tropfen dieser Flüssigkeit, was ohne Schaden geschehen kann, und oft ist nur auf Grund der Untersuchung dieser Flüssigkeit die richtige Diagnose und Behandlung möglich.

Gehirn und Rückenmark liegen nun nicht frei in der Schädelhöhle bzw. im Wirbelkanal. Sie sind vielmehr sorgfältig verpackt und gegen Erschütterung und Verletzung gut geschützt. Der Innenfläche der Schädelkapsel liegt die *harte Hirnhaut (Dura)* an, die auch den Wirbelkanal lose auskleidet. Zwischen dieser festen, derben Hülle und dem Gehirn liegen zwei feine, weiche Häute. Die obere, der harten Hirnhaut anliegende heißt *Spinnwebenhaut (Arachnoidea)*. Sie ist durch feine bindegewebige Bälkchen mit der anderen *weichen Hirnhaut*, der *Pia*, verbunden, die der Gehirnoberfläche an allen Stellen aufliegt und in die Furchen eindringt. Zwischen den Bindegewebsbälkchen der Spinnwebenhaut strömt die äußere Hirnflüssigkeit. Das Gehirn ist also von einer Art von Wasserkissen (Abb. 56) umgeben, das Druck und Stoß dämpft und die empfindliche Nervensubstanz vor Quetschung an der harten Wand der Schädelkapsel schützt. Schließlich schützen das „Wasserkissen", die harte Hirnhaut und der knöcherne Schädel zusammen das Gehirn gegen Gewalteinwirkungen von außen.

II. Das periphere System.

Wir haben schon bei der Schilderung der Bausteine des Nervensystems erwähnt, daß von der Nervenzelle zwei Arten von Ausläufern ausgehen: die Dendriten und der Neurit (S. 5). Der Neurit oder Hauptfortsatz der Zelle bildet zusammen mit den Neuriten anderer Zellen die Faserbündel oder Bahnen. Ein Teil der Faserbündel beginnt und endet als zentrale Bahnen innerhalb des Zentralnervensystems. Andere aber treten nach kürzerem oder längerem Verlauf im Gehirn bzw. Rückenmark an die Oberfläche und verlassen das Zentralorgan, um als freie Nervenstränge im Körper zu verlaufen. Wir nennen diese Nervenbündel im Gegensatz zu den zentralen Bahnen im Gehirn und Rückenmark die peripheren Nerven und ihre Gesamtheit das periphere Nervensystem.

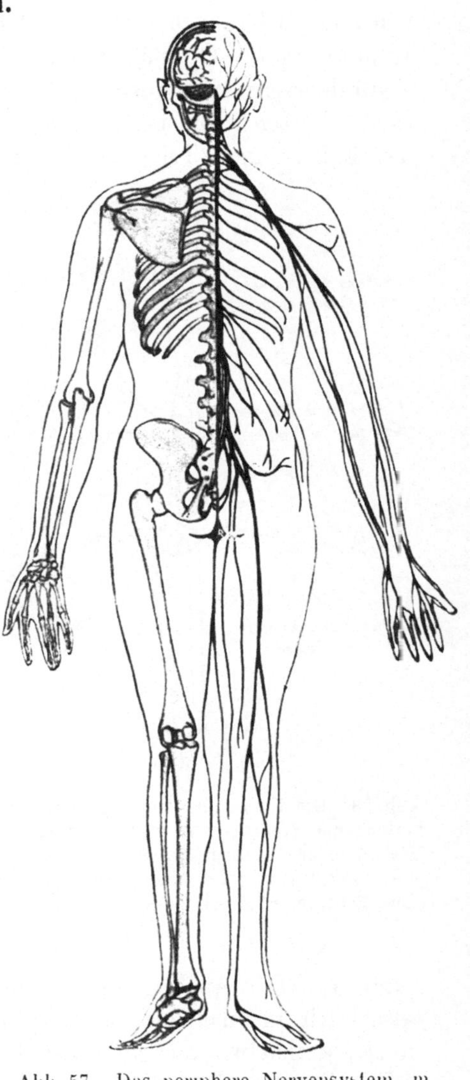

Abb. 57 Das periphere Nervensystem im Vergleich zum Knochenskelett. Körper von hinten gesehen. Links Gehirn freigelegt.

Durch das periphere Nervensystem stehen Gehirn und Rückenmark mit allen Organen des Körpers in Verbindung, empfangen Reize aus den Sinnesorganen, aus der Haut, aus den inneren Organen usw. *(sensible Nerven)* und übermitteln Impulse an die Organe, deren Tätigkeit sich nach den vom Zentralnervensystem ausgehenden Erregungen richtet *(motorische Nerven)*. Die peripheren Nerven durchziehen also wie die Kabel einer Telephonleitung den ganzen Organismus

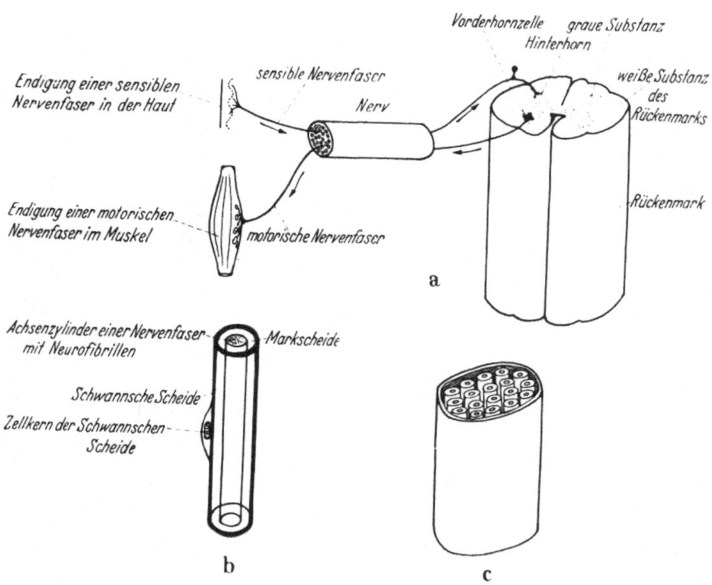

Abb. 58. Die Elemente des peripheren Nervensystems. a) Ursprung einer motorischen Nervenfaser im Rückenmark und ihre Endigung im Muskel. Verlauf einer sensiblen Nervenfaser von der Haut bis ins Hinterhorn des Rückenmarks. b) Stück einer Nervenfaser mit Markscheide und Schwannscher Scheide. c) Stück eines Nerven mit der die Nervenfasern umgebenden Hülle.

(Abb. 57). Den Aufbau eines solchen peripheren Nerven, der tatsächlich in mancher Hinsicht an ein Telephonkabel erinnert, wollen wir uns im folgenden etwas genauer ansehen.

Es gibt im peripheren System ebenso wie im zentralen zwei Arten von Nervenfasern, *markhaltige* und *marklose* (S. 8). Der Hauptunterschied gegenüber den zentralen Fasern besteht darin, daß die Nervenfasern der peripheren Nerven noch eine weitere eigene Hülle besitzen, die nach ihrem Ent-

decker Schwann die Schwannsche Hülle genannt wird
(Abb. 58b). Die Zellen, die die Schwannsche Hülle der
peripheren Nerven bilden, entsprechen den Gliazellen im Gehirn und Rückenmark (vgl. S. 8) und sind uns also nichts
Neues. Wir werden bei Gelegenheit der Frage der Regeneration der Nervenfasern auf die besondere Bedeutung der
Schwannschen Zellen noch zu sprechen kommen. Die

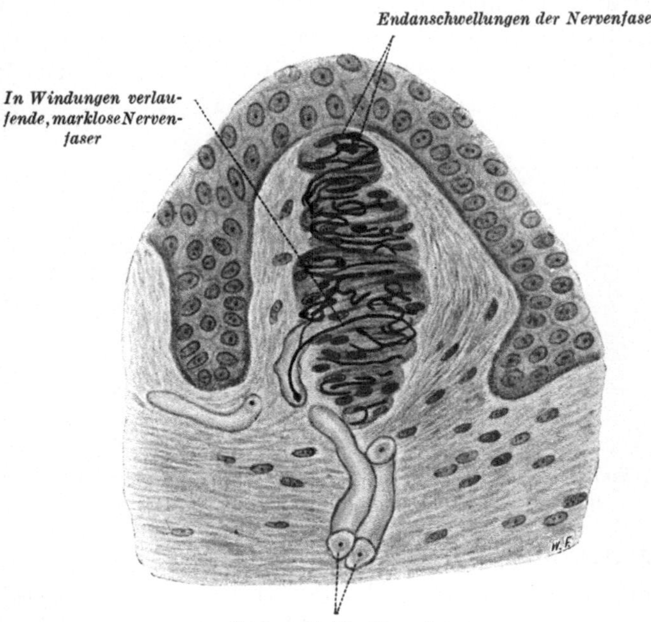

Abb. 59. Sinnesapparate für die Wahrnehmung von Tastempfindungen
in der Haut der Fußsohle des Menschen.

Nervenfasern werden durch bindegewebige Hüllen in Bündel
zusammengehalten (Abb. 58c), und diese wieder vereinigen
sich zu Strängen, die wir eben die Nerven nennen. Ein Nerv
enthält also eine kleinere oder größere Anzahl von Nervenfasern, die teils vom zentralen System zur Peripherie (motorische Nerven), teils von der Peripherie zum zentralen System
(sensible Nerven) leiten (Abb. 58a). Jede Nervenfaser ent-

hält wieder eine Anzahl feinster Nervenfibrillen, wie wir sie
in Abb. 4 c auf S. 6 dargestellt haben.

Die *Endigungen* der sensiblen Nervenfasern z. B. in der
Haut zeigen mannigfach verschiedene Formen. Wir treffen
hier eigenartige, spindelförmige und geschichtete Körperchen
(Abb. 59) an, die kleine Sinnesorgane für Wärme- und Kälte-
reize, für Druck- und Schmerzempfindungen darstellen.

Aber auch die motorischen Nerven enden nicht frei im
Muskel; hier sind ebenfalls besondere Apparate notwendig in
Gestalt von Plättchen, Spindeln, Ösen und Schlingen, die sich

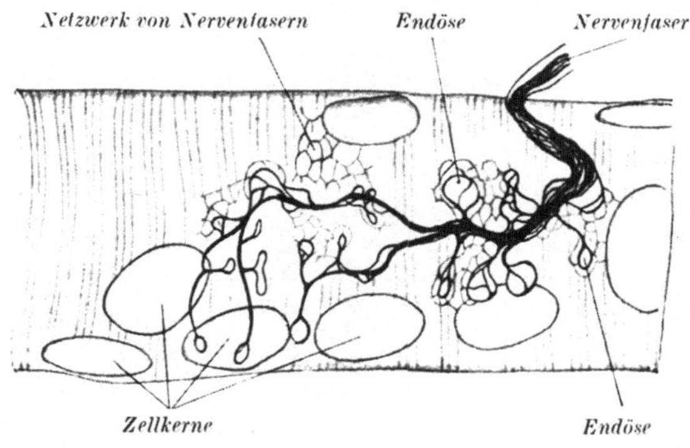

Abb. 60. Endigung einer motorischen Nervenfaser mit ösenartigen Gebilden
an einer Muskelfaser in der Zunge der Fledermaus.

dem Muskel anlegen und ihm die Impulse aus Gehirn und
Rückenmark übermitteln (Abb. 60). Das ist nichts anderes,
als wenn wir beim Telephon einen Hörer brauchen, in dem
die elektrischen Stromstöße, die uns der Draht bringt, in
Schallwellen umgewandelt werden. Wenn wir unser Ohr dem
Telephondraht ohne Zwischenschaltung des Hörers nähern,
so nehmen wir nichts wahr. Offenbar empfängt auch der
Muskel erst mittels der Endapparate die für ihn bestimmten
Impulse, die ihm vom Nerven zugeleitet werden. Was freilich
an diesen Nervenendigungen vor sich geht, wissen wir nicht.
An der Übertragung der Erregung vom Nerv auf den Muskel
scheinen bestimmte Stoffe beteiligt zu sein, die wir auch
beim sog. vegetativen Nervensystem zu erwähnen haben
werden (Azetylcholin, Adrenalin). Aber hier stehen wir an der

Linie, die gesicherten Wissensbesitz vom noch Unbekannten trennt.

Die peripheren Nerven haben also alle ihren Ursprung im Gehirn bzw. im Rückenmark. Von den aus dem Gehirn hervorgehenden Nerven wurden einige schon erwähnt. Wir schildern sie im folgenden im Zusammenhang. Es ist gebräuchlich, *12 Hirnnervenpaare* aufzuzählen:

I Nervus olfactorius	VII Nervus facialis
II Nervus opticus	VIII Nervus octavus
III Nervus oculomotorius	IX Nervus glossopharyngeus
IV Nervus trochlearis	X Nervus vagus
V Nervus trigeminus	XI Nervus accessorius
VI Nervus abducens	XII Nervus hypoglossus

Was wir als Riechnerven (*I. Nervus olfactorius*) am menschlichen Gehirn bezeichnen (Abb. 61), ist in Wirklichkeit eine in die Länge gezogene Hirnausstülpung. Als Riechnerven dürften wir eigentlich nur die feinen Nervenbündel bezeichnen, die von der Riechschleimhaut der Nase bis zum vorderen Ende des „Riechnerven" ziehen. Die von den Sinneszellen der Riechschleimhaut aufgenommenen Geruchsreize werden durch diese feinen Nerven an Nervenzellen weitergeleitet, die im angeschwollenen vorderen Ende des „Riechnerven" liegen. Von diesen Nervenzellen gehen dann weitere Fasern aus, die zu den Riechzentren des Gehirns führen. Sie bilden den dicken und langen „Riechnerven" des menschlichen Gehirns (über das zentrale Riechsystem vgl. S. 115).

Auch der Sehnerv (*II. Nervus opticus;* Abb. 61) verdankt seine Entstehung einer Ausstülpung des Gehirns, und zwar des Zwischenhirns. Die Lichtreize, die das Auge treffen und in der Netzhaut aufgefangen werden, gelangen durch den Sehnerven zum Gehirn. Seine Fasern sind die Fortsätze (Neuriten) von Nervenzellen, die in der Netzhaut des Auges liegen. Wie die Fasern des Sehnerven sich überkreuzen und im Gehirn weiterverlaufen, ist auf S. 118 geschildert.

Die beiden Augenbewegungsnerven (*III. Nervus oculomotorius* und *IV. Nervus trochlearis*) interessieren uns hier nicht weiter. Sie versorgen nur kleine Muskeln, die den Augapfel bewegen. Dagegen hat der V. Nerv (*Nervus trigeminus;* Abb.

61) eine große Bedeutung. Er ist in der Hauptsache der sensible Nerv des Kopfes, d. h. er leitet die Empfindungen vom Kopfbereich dem Gehirn zu. Also Zahnschmerzen, alle Arten von Gesichtsschmerzen usw. vermittelt der Nervus trigeminus. Sein Name Trigeminus (der Dreigeteilte) kommt von seinen drei Ästen. Der obere Ast innerviert die Gegend um das

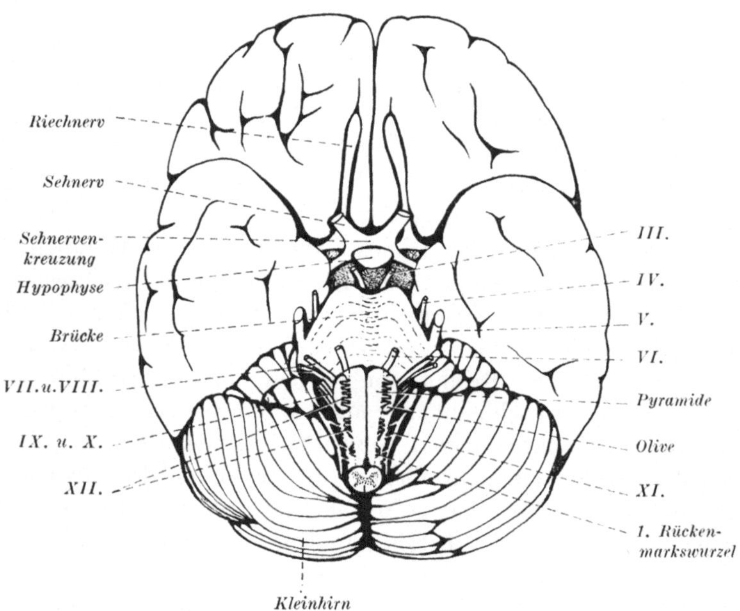

Abb. 61. Die Hirnnerven. Menschliches Gehirn von der Unterseite.

Auge, der mittlere die des Oberkiefers, der untere die des Unterkiefers (Abb. 62). Wie schon betont, setzt sich der Nervus trigeminus aus Empfindungsfasern zusammen. Diese enden wie die hinteren Wurzeln des Rückenmarks an den Zellen eines Ganglions *(Ganglion semilunare* G a s s e r i). Dieses Ganglion hat eine traurige Berühmtheit erlangt. Äußerst schmerzhafte Erkrankungen des Nervus trigeminus, die man als Trigeminusneuralgien bezeichnet, können oft nur durch operative Entfernung des Trigeminusganglions geheilt werden. Erst die Nervenfortsätze der Zellen des Trigeminus-

ganglions treten in das Gehirn ein und verteilen sich auf
verschiedene Zentren. Ein kleinerer Teil der Trigeminusfasern
ist motorischer Natur. Diese Fasern ziehen aus dem verlängerten Mark ohne Unterbrechung im Ganglion Gasseri zu ihren
Endorganen, nämlich zu bestimmten Kaumuskeln.

Wir übergehen den VI. Nerven *(Nervus abducens)*, der
wieder einen Augenmuskel versorgt, und beschäftigen uns
mit dem VII., dem motorischen Nerven des Gesichts *(Nervus*

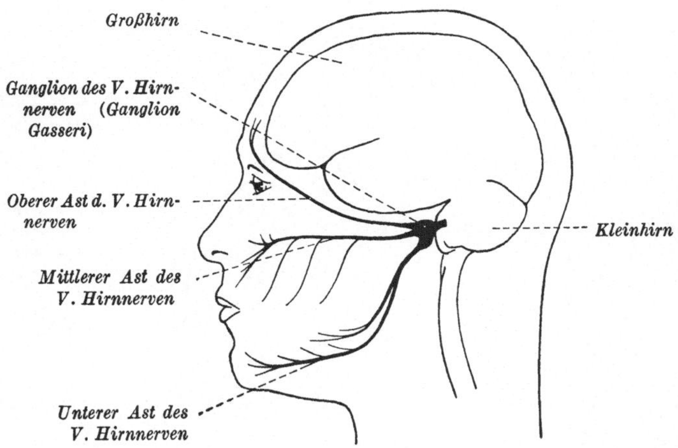

Abb. 62. Der V. Hirnnerv (Nervus trigeminus), der sensible Nerv des Gesichts.

facialis; Abb. 61). Während der Nervus trigeminus vor allem
die Empfindungen im Bereich des Kopfes zum Gehirn leitet,
übermittelt der Nervus facialis der Gesichtsmuskulatur Erregungen, die den Bewegungen der Lippen beim Essen und
Sprechen sowie der Mimik des Gesichts zugrunde liegen. Also
beim Pfeifen, Stirnrunzeln, Grimassenschneiden usw. innervieren wir mit Hilfe der Äste des Nervus facialis die an
solchen Bewegungen beteiligten Muskeln. Unterbrechungen
im Verlauf dieses Nerven machen die angeführten Bewegungen der Gesichtsmuskeln unmöglich.

Der VIII. Hirnnerv *(Nervus octavus;* Abb. 61) besteht aus
zwei verschiedenen Anteilen. Beide ziehen aus dem inneren
Ohr zum verlängerten Mark, aber der eine leitet Gehörsein-

drücke *(Nervus cochlearis)*, der andere übermittelt die Erregungen des Gleichgewichtssinnes *(Nervus vestibularis)* dem zentralen System.

Der IX. Hirnnerv *(Nervus glossopharyngeus;* Abb. 61), der Zungenschlundnerv, und der X. *(Nervus vagus)* entspringen gemeinsam aus dem verlängerten Mark. Der Nervus vagus hat ein außerordentlich weites Verteilungsgebiet seiner Äste

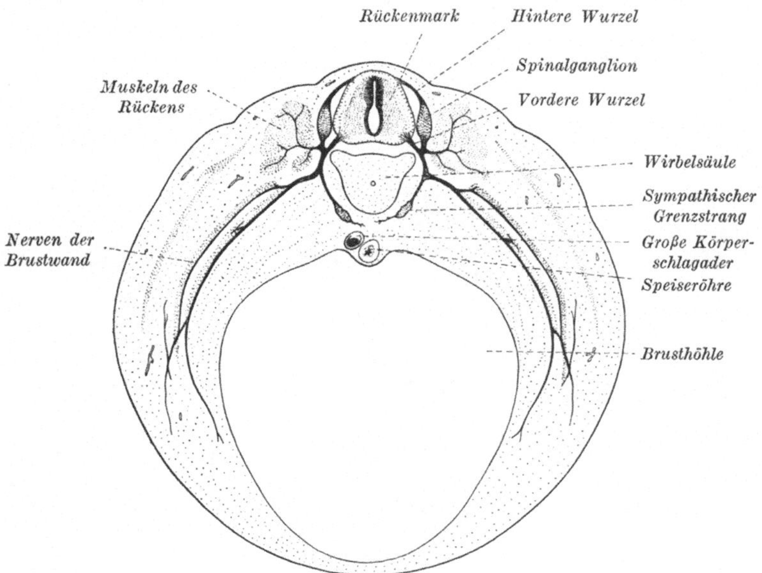

Abb. 63. Verteilung der vom Rückenmark ausgehenden Nerven, dargestellt an einem schematischen Durchschnitt durch die Brustgegend eines menschlichen Embryos von 17 mm Länge.

(vgl. Abb. 71, S. 112). Wie wir bei Besprechung des vegetativen Systems, dem er angehört, sehen werden, gibt er seine Verzweigungen an die inneren Organe ab, an das Herz, den Verdauungskanal usw. Reine Muskelnerven sind der XI. *(Nervus accessorius)* und der XII. *(Nervus hypoglossus)*, der Zungenfleischnerv.

Die genannten Nerven vermitteln also die Leitung der von den Sinnesorganen aufgenommenen Erregungen zum Gehirn und die Auslösung der beim Schlucken, Sprechen usw. nötigen

Muskelbewegungen. Wir haben bereits erfahren, daß die zum V.—XII. Nerven gehörenden Zentren im verlängerten Mark liegen, und wir werden für einige von ihnen zentralen Verlauf und weitere Beziehungen zu Zentren des Stammhirns und der Rinde noch kennenlernen.

Was die aus dem *Rückenmark* entspringenden Nerven anbelangt, so finden wir am Rückenmark in gleichen Abständen rechts und links je eine vordere und hintere Nervenwurzel (Abb. 44, S. 65). Wir haben die Verhältnisse hier schon so weit geschildert (S. 64), daß die sensible Natur der beiden hinteren Wurzeln und der motorische Charakter der vorderen Wurzeln bekannt ist. Die beiden Wurzeln vereinigen sich zu einem gemischten Stamm, und dieser gibt nun in seinem weiteren Verlauf die peripheren sensiblen und motorischen Nerven an die Haut, die Muskeln usw. ab (Abb. 63).

Die Versorgung der Muskeln mit motorischen und der Haut mit sensiblen Nerven ist nun nicht regellos

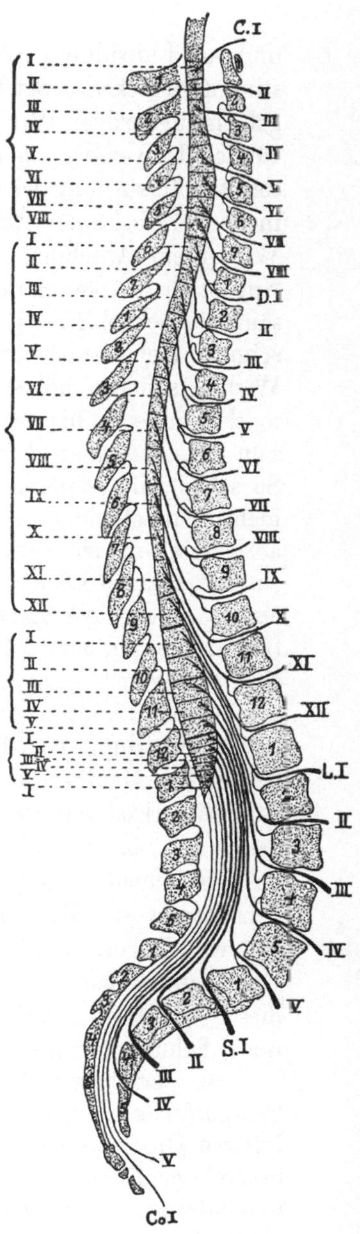

Abb. 64. Langsschnitt durch die menschliche Wirbelsaule zur Veranschaulichung des Verhaltnisses der Ruckenmarksabschnitte (Segmente) zu den austretenden Ruckenmarkswurzeln und zu den Wirbeln *C I—VIII* = Nerven aus dem Halsmark. *D I—XII* = Nerven aus dem Brustmark. *L I—V* = Nerven aus dem Lendenmark. *S I—V* = Nerven aus dem Sakralmark. *Co I* = Nerv aus dem untersten Ruckenmarkssegment.

und von Individuum zu Individuum verschieden, sondern bestimmten Rückenmarksabschnitten sind bestimmte Innervationsgebiete zugeordnet. Wir schildern hier, da die Verhältnisse bezüglich der Versorgung der Muskeln zu kompliziert sind, nur die sensible Versorgung der Haut. Betrachten wir das Rückenmark in der Wirbelsäule (Abb. 64), so sehen wir, daß zu jedem Wirbel ein Abschnitt *(Segment)* des Rückenmarks gehört. Nur ist das Rückenmark im Wachstum gegenüber der Wirbelsäule zurückgeblieben; es ist zu kurz, und die unteren Abschnitte stehen nicht mehr in der Höhe ihrer zugehörigen Wirbel, sondern höher. Die aus den betreffenden Rückenmarkssegmenten hervorgehenden vorderen und hinteren Wurzeln behalten aber ihre ursprünglichen Austrittsstellen bei. So sehen wir, je tiefer wir das Rückenmark verfolgen, desto mehr Wurzeln innerhalb des Wirbelkanals eine Strecke weit absteigen, bis sie ihre Austrittsstelle erreicht haben. Wir finden z. B. die Lendensegmente des Rückenmarks viel höher als die zugehörigen Lendenwurzeln aus dem Wirbelkanal austreten. Die aus dem Rückenmark derart hervorgehenden sensiblen Nerven versorgen nun, nachdem sie mit anderen sensiblen und mit motorischen Wurzeln Nervenstränge gebildet haben, die Haut. Dabei werden die in Abb. 65 a und b angegebenen Hautbezirke von den aus den entsprechenden Rückenmarksabschnitten stammenden Nerven innerviert. So gehen z. B. die sensiblen Nerven der Haut an der Vorderseite des Oberschenkels zum größeren Teil aus dem zweiten Lendensegment des Rückenmarks hervor. Es leuchtet sogleich ein, wie Störungen in den Empfindungen eines bestimmten Hautbezirkes dem Arzt eine Möglichkeit bieten, bei Kenntnis dieser Verhältnisse auf den Sitz der Erkrankung im Rückenmark Schlüsse zu ziehen.

Zum peripheren Nervensystem gehört auch der sog. *Sympathicus*, der ebenso wie der Nervus vagus (S. 98) die inneren Organe versorgt. Wir werden ihn aber wegen seiner besonderen Eigenschaften als einen Teil des autonomen oder vegetativen Nervensystems auf S. 110 besonders behandeln.

Die peripheren Nerven können eine beträchtliche *Länge* erreichen (vgl. S. 71). Man denke z. B. an den Nervus ischia-

dicus, der durch seine schmerzhafte Erkrankung bei der
sog. Ischias allgemeiner bekannt ist. Er zieht durch die
ganze Länge des Beines (vgl. Abb. 57, S. 91). Solche Nervenvenstränge in den Armen und den Beinen sind vielfach auch

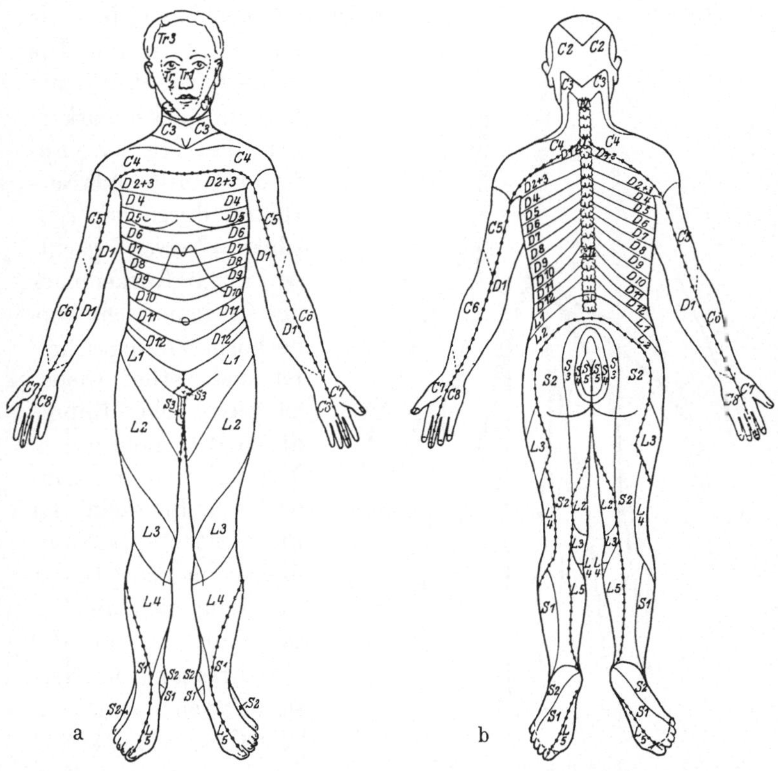

Abb. 65. Abgrenzung und Zugehorigkeit von Zonen der Hautempfindungen
zu den Rückenmarkswurzeln und -segmenten. Wegen der Buchstaben und
Zahlen vgl. Abb. 64, S. 99.

Verletzungen ausgesetzt, und der Arzt muß bei operativen
Eingriffen über ihre Lage und ihren Verlauf Bescheid wissen.
Uns mag hier die schematische Abb. 57 genügen und die
Abb. 66, die als Beispiel die Nervenversorgung der Innenseite der Hand zeigt.

Eine andere Frage, die uns im Zusammenhang mit der
Funktion des peripheren Nervensystems interessiert, ist die

Leitungsgeschwindigkeit im Nerven. Unmeßbar schnell erscheint uns die Leitung der Sinnesreize zum Gehirn und ebenso schnell die der Impulse zu den Muskeln. Wir verspüren den Schmerz an der Hand bei der Berührung eines heißen Gegenstandes, und im gleichen Augenblick ziehen wir die Hand zurück. Die ganze Länge des Armes bis zum Rückenmark ist der die Schmerzempfindung auslösende Nervenreiz durch den sensiblen Nerven geeilt, wurde im Rückenmark auf die motorische Vorderhornzelle umgeschaltet und verlief wieder als motorischer Impuls durch den motorischen Nerven bis zu den Arm- und Handmuskeln. Ist diese Leitungsgeschwindigkeit meßbar? In der Tat kann man die Geschwindigkeit, mit der eine Erregung den Nerven durcheilt, messen. Diese Geschwindigkeit ist durchaus nicht außerhalb unseres Vorstel-

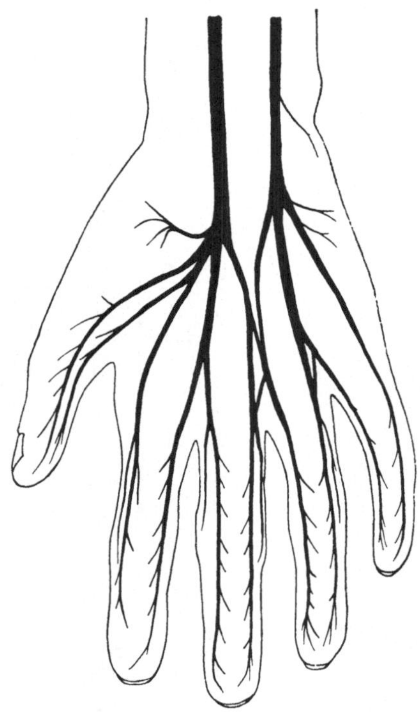

Abb. 66. Verastelung der Nerven auf der Innenfläche der Hand.

lungsvermögens, bei manchen wirbellosen Tieren ist sie sogar verhältnismäßig unbedeutend. Die folgende kleine Tabelle, S. 103, gibt eine Übersicht über die Leitungsgeschwindigkeit einiger Nerven des Menschen und der Tiere.

Die Zahlen besagen aber insofern nicht sehr viel, als die Leitungsgeschwindigkeiten der einzelnen Fasern eines Nerven sehr verschieden sein können. So wurden beim Hund Nervenfasern gefunden mit Leitungsgeschwindigkeiten von 90 bis 30 m/sec, 20—10 m/sec und 1,6—0,3 m/sec. Man darf also

<h1 style="text-align:center">Geschwindigkeit der Nervenleitung</h1>

(nach Trendelenburg-Loewy, Lehrbuch der Physiologie 1924, S. 622).

Nerv	Tierart	Geschwindigkeit in Metern pro Sekunde
Motorische Nerven	Mensch	66—69
Ischiadicus	Frosch	27
Nerven fur die Scherenmuskeln .	Hummer	12
Fußnerven	Ackerschnecke	0,40

aus der obigen Tabelle nicht schließen, daß die angegebenen Geschwindigkeiten den Wert eines Artmerkmals haben. Die Zahlen bedeuten nur, daß schneller oder langsamer leitende Fasern bei dem untersuchten Nerven der betreffenden Tierart jeweils überwiegen.

Bei seiner Tätigkeit verbraucht der Nerv ebenso wie andere Organe Sauerstoff, d. h. er *atmet*. Er bildet auch *Wärme;* freilich handelt es sich um sehr geringe Mengen. Immerhin kann man mit entsprechenden feinen Instrumenten Sauerstoffverbrauch und Wärmebildung messen. Der periphere Nerv *lebt* also, und wir können ihn z. B. narkotisieren. Sein Leitungsvermögen ist dann herabgesetzt oder ganz aufgehoben.

Dieses Leben des peripheren Nerven wird aber nur beobachtet, solange der Nerv unverletzt ist, d. h.

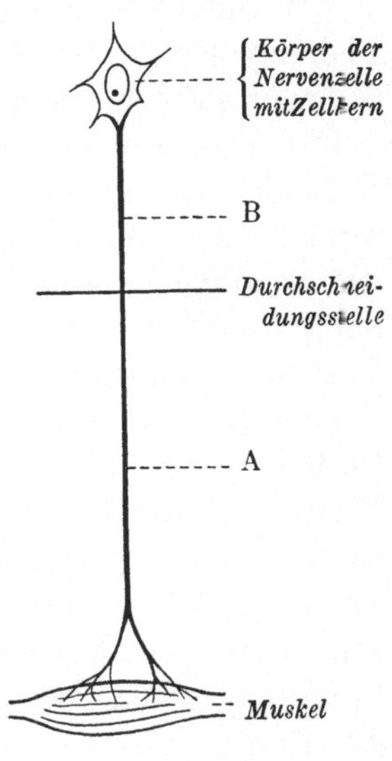

Abb. 67. Erklärung im Text.

solange seine Fasern mit den Ursprungszellen verbunden sind. Wenn wir einen Nerven durchschneiden, so geht der vom zentralen Anteil entferntere Abschnitt (Abb. 67 A) zugrunde (vgl. S. 107), d. h. die von ihrer Zelle abgetrennten Nervenfortsätze sind nicht imstande, selbständig weiterzuleben. Der von dem betreffenden durchschnittenen Nerven versorgte Muskel wird funktionsuntüchtig (schlaffe Lähmung; vgl. S. 77). In dem zwischen Muskel und Schnittstelle liegenden Nervenabschnitt

gehen Zerfallsprozesse der Nervenfasern und Markscheiden
vor sich; es entstehen zunächst fettige Abbauprodukte, und
schließlich treten an Stelle der ehemaligen Nervenfasern
bindegewebige Stränge, die von den S c h w a n n schen Zellen
(S. 93) gebildet werden (*absteigende sekundäre*, W a l l e r -
sche *Degeneration*). Es entsteht also eine Art von Narbe im
ganzen Verlauf des abgetrennten Nervenstückes. Der zentrale
Abschnitt (B) mit der Zelle erleidet nicht so einschneidende
Veränderungen. Die Zelle reagiert zunächst auf den starken
Reiz des Abschneidens ihres Hauptzellfortsatzes durch Veränderungen, die vor allem in einer Verlagerung des Zellkerns
an den Rand des Zelleibs mit Auflösung der Nisslschollen und
Blähung der ganzen Zelle bestehen (*retrograde Zellveränderung, primäre Reizung*).

Für den weiteren Verlauf bestehen zwei Möglichkeiten.
Entweder geht im Laufe der Zeit auch die Zelle mit dem ihr
verbliebenen Stumpf des Nervenfortsatzes zugrunde oder an
der Schnittstelle wird von diesem Stumpf aus eine Neubil-
dung von Nervenfasern in die Wege geleitet. Einen solchen
Vorgang nennen wir *Regeneration*. Die neu auswachsenden
Nervenfasern benützen die ihnen durch die bindegewebigen
Reste der zugrunde gegangenen Nervenfasern vorgezeichneten
Wege und wachsen diesen entlang zu den Muskeln. Diese
werden dadurch erneut mit Nervenfasern versorgt und gewinnen so wieder ihre frühere Leistungsfähigkeit. Die narbi-
gen Reste der degenerierten Fasern sind also von großer
Bedeutung; sie weisen den neu auswachsenden regenerieren-
den Fasern den Weg. Ohne eine solche Anschlußmöglichkeit
kommt es nicht zur erfolgreichen Regeneration. Diese Tatsache ist natürlich für die ärztliche Behandlung von Nerven-
wunden von großer Bedeutung. Man kann auf Grund des
Regenerationsvermögens der Nerven die beiden Schnittenden
eines durchtrennten Nerven zusammennähen. Die beiden
Stümpfe heilen zwar nicht wieder zusammen, sondern das
äußere, von den Nervenzellen abgetrennte Stück geht zugrunde. Durch die aus dem rückenmarksnahen Stumpf auswachsenden Nervenfasern wird aber eine Wiederherstellung
der Funktion, wenn auch erst nach einiger Zeit, erzielt.

Leider gilt für Gehirn und Rückenmark das für den peripheren Nerven Gesagte nicht. Zerstörungen und Verletzungen im Bereiche der Hirnsubstanz heilen nicht im Sinne eines Ersatzes der verlorengegangenen Gebiete. Dies hat seinen Grund nicht in einer völligen Unfähigkeit der zentralen Nervenfasern, zu regenerieren, aber den Nervenfasern in Gehirn und Rückenmark fehlen die Schwannschen Zellen (S. 93); es entstehen keine bindegewebigen Leitbahnen, und die auswachsenden neuen Fasern enden in unregelmäßigen Knäueln mit kleinen Endknöpfen. Der normale Bau und die geordnete Funktion bleiben damit dauernd gestört.

Die Regenerationsvorgänge beschränken sich allenthalben im Nervensystem der höheren Tiere und des Menschen auf das Wiederauswachsen der Zellfortsätze; zu einer Zellteilung mit dem Zweck der Zellvermehrung und damit zu einem Ersatz zugrunde gegangener Nervenzellen kommt es im erwachsenen Organismus der höheren Tiere und des Menschen nicht. Schwache Ansätze finden wir freilich noch in der Umgebung älterer Hirnwunden und Narben in Gestalt von Kernteilungen. Die Nervenzellen weisen hier vielfach zwei Kerne auf. Weiter geht aber offenbar die Teilung nicht mehr. Es ist sehr wahrscheinlich, daß wir im Auftreten mehrkerniger Zellen in der Umgebung von Hirnnarben einen Versuch zur Regeneration sehen dürfen, einen letzten Rest einer stärkeren Wiederherstellungsfähigkeit, die den höher entwickelten Tieren und dem Menschen nicht mehr zukommt, wohl aber niederen Tieren.

Das Verhalten des Nerven bei der Durchschneidung führt uns zur Besprechung eines viel umstrittenen Begriffes, nämlich des *Neurons*. In der Erforschung des Nervensystems spielt bis auf den heutigen Tag der Kampf um den Begriff des Neurons eine große Rolle. Was dem Chemiker und Physiker Atom und Molekül, was in der allgemeinen Biologie die Zelle ist, das ist in der Lehre vom funktionellen Aufbau der nervösen Organe das Neuron. Das Neuron ist zunächst nichts anderes als die Nervenzelle mit allen ihren Ausläufern. Das

Grundproblem, das sich mit dem Neuronenproblem verbindet, ist dieses: Stehen die einzelnen Neuronen miteinander durch Berührung ihrer Fortsätze in Verbindung oder gehen die *Neurofibrillen* (S. 7) von einem Neuron ins nächste ununterbrochen über? Bilden also die Dendriten und Neuriten (S. 5) in kontinuierlichem Zusammenhang ein Netzwerk oder bewahren die einzelnen Nervenzellen eine gewisse Ab-

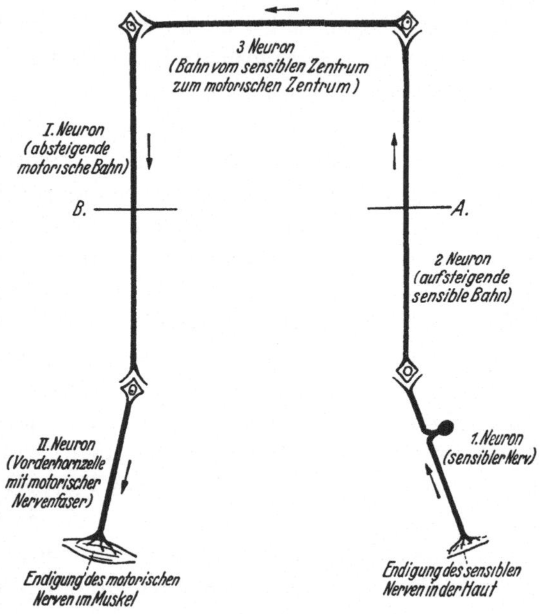

Abb. 68. Erklärung im Text.

geschlossenheit? Wir können hier das Für und Wider dieser beiden Anschauungen und Möglichkeiten nicht erörtern. Uns gehen hier nur einige Tatsachen an, die ihre Bedeutung behalten, ganz gleichgültig, ob die Selbständigkeit der Neuronen oder der netzartige Zusammenhang der Zellelemente sich schließlich als richtiger herausstellt.

Hierher gehört in erster Linie das Verhalten der Neuronen nach Durchschneidung eines Nervenfortsatzes. Nehmen wir als Beispiel folgendes Bahnsystem an, wie es in Abb. 68 dargestellt ist. Im Tierversuch oder durch eine Verletzung beim

Menschen sei in A das zweite Neuron einer aufsteigenden sensiblen Bahn durchschnitten. Von diesem Eingriff wird zunächst am meisten betroffen der von der Zelle abgeschnittene Teil des Nervenfortsatzes. Die Abtrennung von der ihn ernährenden Nervenzelle bedeutet für den Nervenfortsatz den Tod (absteigende, Wallersche Degeneration). Aber auch die zugehörige Nervenzelle bleibt nicht ungeschädigt. Sie zeigt pathologische Veränderungen (primäre Reizung, retrograde Zellveränderung) und geht in vielen Fällen nach einiger Zeit zugrunde. Das erste und das dritte Neuron aber bleiben erhalten. Sie sind nicht so eng mit der Zelle des zweiten Neurons verbunden, daß sie mit diesem zugrunde gehen müßten, und sie haben auch mit anderen Zellen noch Verbindungen, wodurch sie in Tätigkeit erhalten werden.

Ebenso ist es in der absteigenden motorischen Bahn. Das Neuron I (also etwa die Pyramidenbahn) sei in B unterbrochen. Der abgeschnittene Nervenfortsatz geht zugrunde, seine zugehörige Zelle (im Falle der Pyramidenbahn in der vorderen Zentralwindung, vgl. S. 69) zeigt pathologische Veränderungen. Das Neuron II aber (also etwa die Vorderhornzelle) bleibt erhalten. Es ist ja die „gemeinsame Endstrecke" (S. 75) für eine Anzahl weiterer Bahnen und wird von diesen zur Tätigkeit angehalten. Der Ausfall des Neurons I macht sich natürlich in Veränderungen der Muskeltätigkeit bemerkbar, denn es können im Falle der Pyramidenbahn keine Befehle mehr an die Vorderhornzellen geleitet werden. Die Vorderhornzellen gehen also bei der Unterbrechung der Pyramidenbahn nicht zugrunde; sie sind in gewissem Sinne vom Neuron I unabhängig und bilden eigene Neurone im Sinne selbständiger Einheiten.

Den Neuronenbegriff brauchen wir also, selbst wenn er nicht ganz so zutrifft, wie die Darstellung in Abb. 68 vermuten läßt, d. h. wenn die Trennung der Neurone keine so scharfe sein sollte, sondern die Neurofibrillen (S. 7) von einem Neuron auf das nächste tatsächlich übergehen (was aber nicht endgültig bewiesen ist). Wir sagten früher, daß das Nervensystem aus Nervenzellen (und Gliazellen) besteht (S. 4 ff.). Jetzt erweitern wir unsere Begriffsbestimmung und sagen, das Nervensystem ist aus Neuronen aufgebaut. Wir meinen zwar damit auch die Nervenzellen, fassen sie aber nicht nur als Baueinheiten, etwa wie Ziegelsteine auf, sondern als Tätigkeitseinheiten, gleichsam als Bürger eines Staates.

Wir haben bei unserer bisherigen Schilderung des peripheren Systems in der Hauptsache nur die Nerven betrachtet, die als motorische zu den Muskeln ziehen oder als sensible aus der Haut, den Muskeln und Gelenken Empfindungen dem Gehirn zuleiten. Zum peripheren System gehören aber auch die Nerven, die die inneren Organe wie Darm, Herz usw. versorgen. Sie nehmen gegenüber den übrigen peripheren Nerven eine Sonderstellung ein und bilden ein eigenes System, das man wegen seiner verhältnismäßigen Unabhängigkeit von Gehirn und Rückenmark auch das *autonome* oder wegen seiner Bedeutung für die elementaren Lebensverrichtungen das *vegetative* Nervensystem nennt. Sie unterstehen besonderen Zentren im Gehirn und zeigen besondere physiologische Eigenschaften, über die im folgenden Kapitel einiges berichtet werden soll.

III. Das vegetative System.

Aus dem im vorausgehenden Mitgeteilten haben wir entnommen, daß Gehirn und Rückenmark mit ihren peripheren Nerven in erster Linie alle die Vorgänge beherrschen, die wir als willkürliche Bewegungen und bewußte Empfindungen kennen oder, allgemeiner ausgedrückt, die sich auf die uns umgebende Außenwelt beziehen. Nun ist aber bekannt, daß bei Ausschaltung unseres Bewußtseins, etwa im Schlaf, eine Reihe von Lebensvorgängen weiterlaufen, die unserem Willen entzogen sind und die uns nicht zum Bewußtsein kommen. Es sind dies die lebenswichtigen Funktionen der inneren Organe, wie die Tätigkeit des Herzens, des Darms, der Nieren usw., die ununterbrochen Tag und Nacht in komplizierter Zusammenarbeit die Verdauung der Speisen, die Entfernung der Abbaustoffe usw. besorgen. Wenn wir an alle diese Aufgaben denken müßten, so würden wir ungeheuerlich belastet sein und hätten für nichts sonst Zeit. Wir nehmen uns kaum Zeit, die Speisen richtig zu kauen, wieviel weniger würden wir rechtzeitig dafür sorgen, daß die einzelnen Nahrungsportionen genügend lange in den verschiedenen Darmabschnitten verweilen und ordentlich verdaut werden.

Diese und ähnliche Aufgaben werden dem Gehirn und dem Rückenmark von dem schon genannten *vegetativen* oder *autonomen Nervensystem* abgenommen. Man versteht also unter dem vegetativen Nervensystem die Ganglienzellen und Nerven, die die dem Bewußtsein entzogenen Vorgänge im menschlichen Körper beherrschen. Diesem System obliegt demnach die Aufrechterhaltung des normalen Blutdrucks, der Körperwärme, die Regulation der Wasser- und Salzausscheidung, des Wechsels zwischen Wachen und Schlafen, der Drüsentätigkeit, der Verdauungsvorgänge, der Herzfunktion usw. Es wirkt regulierend, d. h. bald erregend, bald hemmend auf diese Vorgänge ein.

Das vegetative System unterscheidet sich vom Hirn-Rückenmark-System vor allem dadurch, daß die ve-

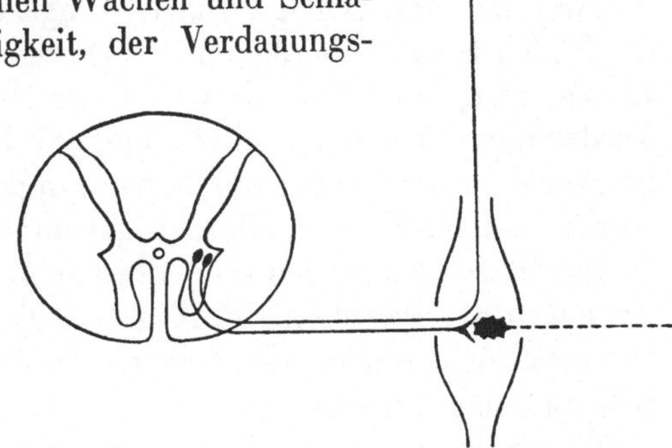

Abb. 69. Verlauf der präganglionaren (ausgezogen) und der postganglionären Fasern (gestrichelt) aus dem Ruckenmark durch die Ganglien des sympathischen Grenzstranges (vgl. Abb. 70).

getativen Nervenfasern nicht direkt an dem Organ enden, das sie versorgen, sondern an einer in der Peripherie liegenden Ganglienzelle, deren Nervenfortsatz im Organ endet. Man nennt den vor der Ganglienzelle liegenden Abschnitt die *präganglionäre Faser*, die nach dem Ganglion zum Organ direkt ziehende Faser die *postganglionäre* (Abb. 69). Die Ganglienzellen, an denen diese Umschaltung erfolgt, bilden Gruppen, die in der Leibeshöhle zwischen den Organen, in der Augenhöhle, neben der Wirbelsäule (= Grenzstrang des Sympathicus) usw. liegen. Die postganglionären Fasern sind marklos (vgl. S. 8).

Für die Kenntnis des vegetativen Systems waren physiologische Untersuchungen von größerer Bedeutung als anatomische. Man stellte fest, daß nicht alle Anteile des vegetativen Systems in gleichem Sinne wirken, sondern daß vielfach *gegensätzliche Wirkungen* beobachtet werden können. Man unterscheidet deshalb zwei Anteile des vegetativen Systems, den *sympathischen* und den *parasympathischen*. Ihre Wirkung auf die Organe ist insofern einander entgegengesetzt, als die Organe, die das sympathische System erregt, vom parasympathischen gehemmt werden und umgekehrt. So hat z. B. der erregende Einfluß der sympathischen Fasern eine Beschleunigung der Herztätigkeit zur Folge, während die hemmende Wirkung parasympathischer Fasern zur Verlangsamung des Herzschlags führt. Umgekehrt verhalten sich die beiden Systeme bezüglich des Darms: Die peristaltischen Bewegungen des Darms, durch die der Nahrungsbrei mit den Verdauungssäften durchmischt und im Darmkanal vorwärts geschoben wird, werden durch parasympathische Nerven angeregt und durch sympathische gehemmt.

Anatomisch lassen sich sympathische und parasympathische Nerven in der Peripherie, d. h. also in ihrem Verlauf zu den Organen, nicht voneinander trennen. Dagegen kommen sie von verschiedenen Ursprungsstätten.

Die präganglionären Fasern des *sympathischen* Systems entspringen in der Hauptsache aus der grauen Substanz, d. h. aus dem Seitenhorn des Rückenmarks im Brust- und Lendenteil (vgl. Abb. 64, S. 99). Sie enden an Zellen, die in einer Ganglienkette *(Grenzstrang)* vor der Wirbelsäule liegen (Abb. 70) und die die marklosen postganglionären Fasern zu den Organen senden. Manche der präganglionären Fasern ziehen ein Stück weiter und enden an Ganglien, die weiter in der Peripherie inmitten der Eingeweide liegen. Solche präganglionäre Fasern bilden dann besondere Eingeweidenerven, wie z. B. die *Splanchnicusnerven*. Die sympathischen Fasern führen Bahnen für das Herz, den Magendarmkanal, die Harnblase, die Geschlechtsorgane, die Blut-

gefäße, die Drüsen usw. Sie leiten umgekehrt als sensible
sympathische Fasern Empfindungen aus den inneren Organen

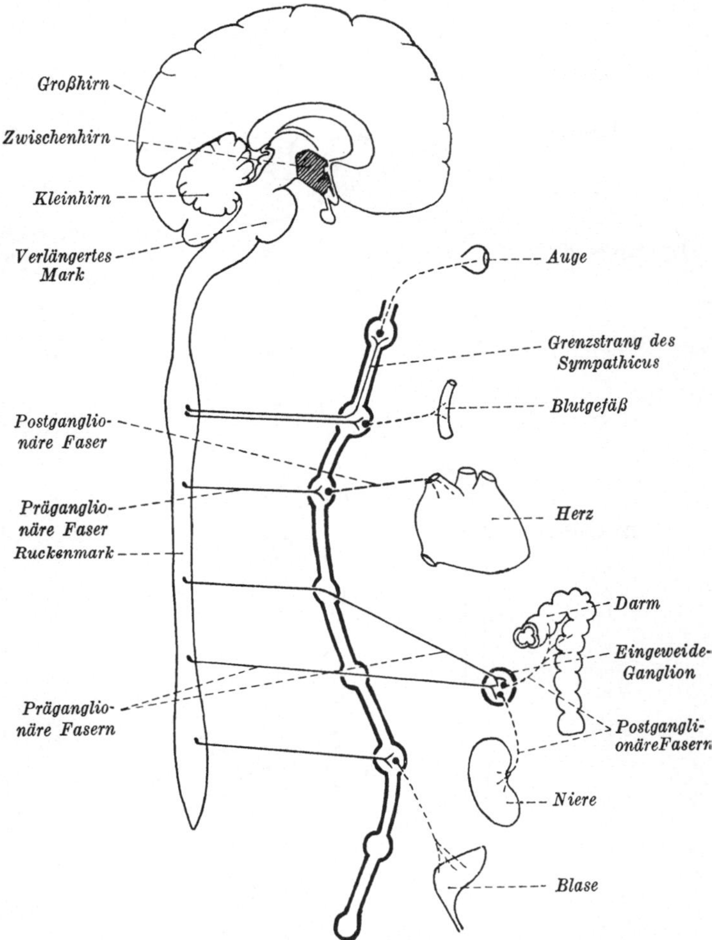

Abb. 70. Schematische Darstellung des sympathischen Nervensystems
Zwischenhirn mit den vegetativen Zentren schraffiert. Einzelne innere
Organe als Beispiele schematisch angedeutet.

dem Gehirn und Rückenmark zu. So ganz unabhängig ist das
sympathische System also von Gehirn und Rückenmark nicht.
Wir wissen, daß Vorgänge im Gehirn (Angst, Erwartung
usw.) auch das sympathische System in Mitleidenschaft ziehen

und zu Reaktionen der von ihm versorgten Organe führen
(Erröten, Herzklopfen, Schweißausbruch usw.).

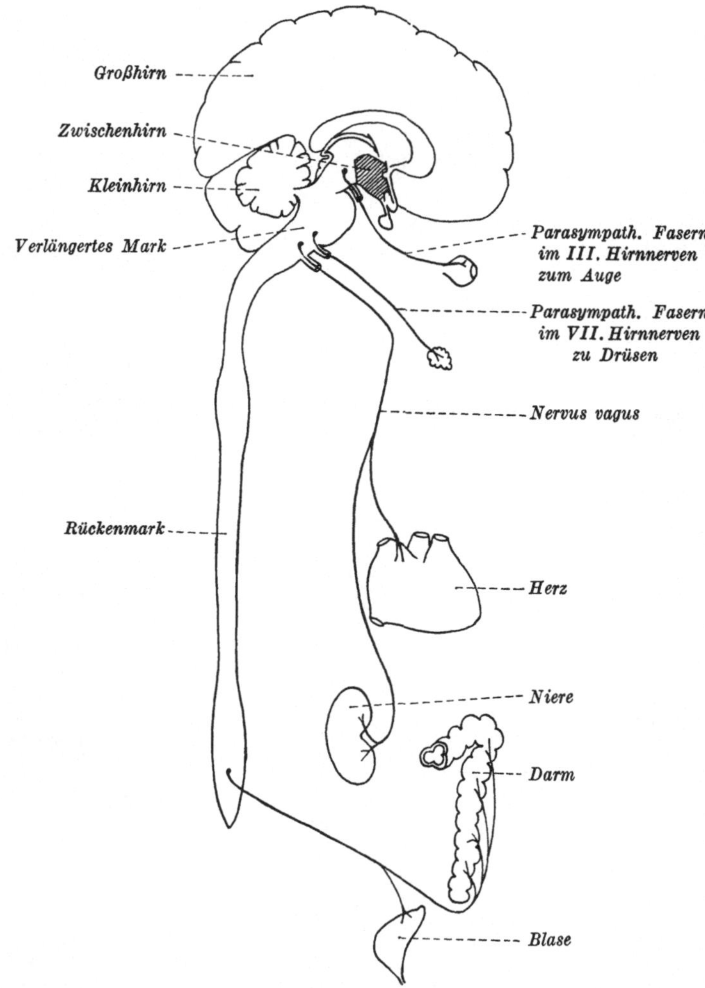

Abb. 71. Schematische Darstellung des parasympathischen Systems.
Im übrigen vgl. Abb. 70.

Das *parasympathische* System (Abb. 71) ist anatomisch
schwerer abgrenzbar als das sympathische. Es handelt sich
um eine Reihe von Gehirnkernen und um Faseranteile

in Gehirn- und Rückenmarksnerven, deren parasympathische Natur experimentell festgestellt ist, die aber anatomisch nicht isolierbar sind. Wir können drei Gruppen von parasympathischen Faseranteilen zusammenfassen: 1. aus dem Gehirn entspringende, 2. aus dem Brustmark und 3. aus dem Sakralmark hervorgehende Fasern (Abb. 71). Die aus dem Gehirn stammenden Faseranteile entspringen teils im Mittelhirn und ziehen mit dem dritten Hirnnerven (*Nervus oculomotorius*) zum Auge, dessen Pupille außer unter sympathischem auch unter parasympathischem Einfluß steht, teils im verlängerten Mark, von dem die parasympathischen Nerven für die Speichel- und Tränendrüsen ausgehen. Diese und andere parasympathische Fasern erscheinen als Anteile des V., VII. und IX. Gehirnnerven. Einen großen Anteil parasympathischer Fasern führt der X. Gehirnnerv (*Nervus vagus*), dessen Äste sich am Herzen, an den Bronchien, an der Leber, an den Nieren, am Magendarmkanal usw. verzweigen und hier als die den sympathischen Fasern in ihrer Wirkung entgegengesetzten Nerven besonders deutlich in Erscheinung treten. Wir haben diesen „*Antagonismus*" des sympathischen und des parasympathischen Systems am Beispiel der nervösen Beeinflussung der Herztätigkeit bereits erläutert (vgl. S. 110). Aus dem Brustmark (in Abb. 71 nicht eingezeichnet) ziehen parasympathische Fasern mit den peripheren Nerven zu den Schweißdrüsen und zu den feinen Haarmuskeln, deren Zusammenziehung beim Menschen die bekannte Gänsehaut erzeugt. Die parasympathischen Nerven hemmen die Tätigkeit der Schweißdrüsen und dieser kleinen Muskeln an den Haarwurzeln. Aus dem untersten Abschnitt des Rückenmarks endlich, dem Sakralmark, ziehen parasympathische Nervenfasern zur Harnblase, zum Mastdarm und zu den Geschlechtsorganen. Die Anordnung der beiden Systeme, des sympathischen und des parasympathischen, wird aus den Abb. 70 und 71 klar, die wir uns vereinigt denken müssen, um eine ungefähre Vorstellung von den tatsächlichen Verhältnissen zu gewinnen.

Es bleibt nun nicht dem jeweiligen Kräftespiel sympathischer und parasympathischer Nerven überlassen, ob sich der hemmende oder der erregende Einfluß des einen oder des

anderen Systems durchsetzt und so z. B. eine Beschleunigung
oder eine Verlangsamung der Herztätigkeit zustande kommt.
Die nervöse Regulation der Tätigkeit der Organe erfolgt vielmehr im Hinblick auf die allgemeinen Bedürfnisse des Organismus und die jeweiligen Anforderungen, die an ihn gestellt werden. Wir wissen, daß z. B. das Herz in der Tat verschieden rasch arbeitet je nach den Ansprüchen, die der
ruhende, der körperlich arbeitende oder der auf Höchst-
leistung trainierende Mensch an seinen Blutkreislauf stellt.
Es muß also von einer *zentralen Stelle* her dafür gesorgt
werden, daß sympathische und parasympathische Einflüsse
sich zur rechten Zeit im richtigen Maß geltend machen.
Diese Aufgabe obliegt gewissen Zellgruppen im *Zwischenhirn*,
die als übergeordnete Zentren des ganzen vegetativen Systems
eine große Rolle für die richtige Zusammenarbeit der inneren Organe spielen. Ihre Bedeutung erfassen wir ganz besonders dann, wenn krankhafte Prozesse im Zwischenhirn
ablaufen und zu einer Störung der normalen Funktion dieser
Zentren führen. Es können in solchen Fällen dann der Schlaf,
die Wasserausscheidung, die Körpertemperatur, der Fetthaus-
halt und andere Stoffwechselvorgänge gestört sein. Die zentralen Anteile des vegetativen Systems stehen derzeit im Mittel-
punkt des wissenschaftlichen Interesses, und die Forschung
ist auf diesem Gebiete noch nicht zu endgültigen Ergebnissen
gelangt. Eine eingehendere Darstellung im Rahmen dieses
Büchleins erscheint deshalb noch nicht am Platze.

Das gleiche gilt für die die Erregung von der sympathischen bzw. parasympathischen Nervenendigung auf das Er-
folgsorgan (glatter Muskel, Drüse) übertragenden Stoffe
(Adrenalin, Azetylcholin). Auch hier ist die Forschung in
vollem Fluß, und wir wollen uns mit der Andeutung dieser
Fragen begnügen.

D. Die zentralen Sinnesbahnen.

Gesondert behandeln wollen wir die zentralen Anteile der
wichtigeren Sinnesapparate. Also die Bahnen und Zellgruppen,
die im Gehirn mit der Verarbeitung der vom Auge, vom Ohr,

von der Nase usw. aufgenommenen Sinnesreize betraut sind.
Die wenigsten wissen, wie es kommt, daß ein Mensch mit
gesunden Augen blind sein kann, daß eine Geschwulst im
Gehirn Störungen des Geruchssinns hervorrufen kann und
dergleichen. Wir besprechen deshalb im folgenden die wichtigsten Sinnesgebiete des Gehirns, also das Riechhirn, die Sehbahnen und die Hörbahnen samt ihren zugehörigen Zentren
im Hirnstamm und in der Großhirnrinde.

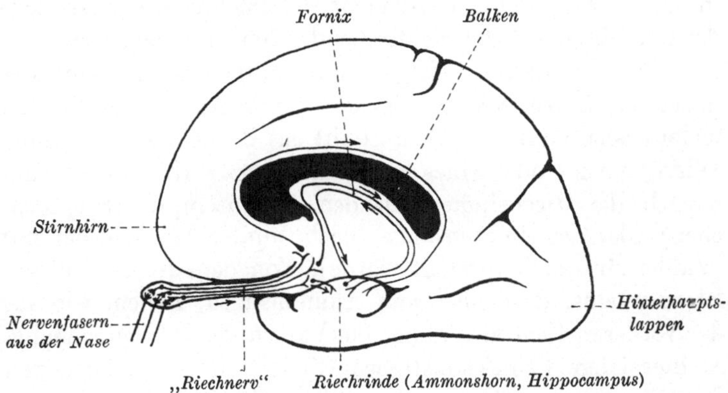

Abb. 72. Die Bahnen des Riechhirns des Menschen in sehr vereinfachter
schematischer Darstellung.

1. Das Riechhirn.

Aus v. Buddenbrocks Büchlein „Die Welt der Sinne"
(Verständliche Wissenschaft Band 19) mag der Leser sich
über das Riechen, soweit es sich im Bereich der Sinnesorgane
abspielt, unterrichten. Verfolgen wir zunächst den Weg der
Geruchseindrücke im Gehirn (Abb. 72). Aus den Sinneszellen
der Riechschleimhaut sammeln sich die Nervenfasern in
einem knollenförmigen Gebilde *(Bulbus olfactorius)*, wo sie
an besonders gebauten Nervenzellen enden. Von hier ziehen
nun die Fasern als „Riechnerv" *(Tractus olfactorius)* weiter
ins Gehirn, und nun beginnt ein höchst verwickeltes System
von Zellgruppen und Faserverbindungen. Im einzelnen wollen
wir es nicht erörtern; wer sich dafür interessiert, mag es in
einem der im Vorwort aufgeführten Werke studieren. Es

handelt sich im allgemeinen um alte, d. h. schon bei den niederen Wirbeltieren vorkommende Zellgruppen des Vorderhirns, an denen die Fasern des „Riechnerven" enden. Von diesen gehen dann die Bahnen zur *Rinde des Riechhirns.* Der Geruchssinn besaß schon eine Rinde, bevor auch für die anderen Sinnesgebiete Rindenfelder entwickelt wurden.

Diese ältere Rinde *(Archikortex)* unterscheidet sich von der neuen Großhirnrinde *(Neokortex)* in erster Linie in ihrem feineren Bau. Sie ist nicht vielschichtig wie diese, sondern durch eine Reihe dichtstehender Nervenzellen ausgezeichnet. Sie ist weiterhin infolge der mächtigen Entwicklung der neuen Großhirnrinde in eigenartiger Weise aufgerollt und bietet deshalb auf dem Querschnitt das Bild eines eingerollten Widderhornes oder eines Seepferdchenschweifes. Man nennt danach die Riechrinde auch den *Hippocampus* (Seepferdchen) oder das *Ammonshorn* (nach Jupiter Ammon, der mit Widderhörnern dargestellt wurde). Von dem Rindenfeld des Riechsystems, d. h. also vom Ammonshorn, ziehen, wie aus der vorderen Zentralwindung die Fasern der Pyramidenbahn, so hier lange Projektionsfasern (S. 40), die an Zellgruppen des Hirnstammes (Corpora mamillaria im Zwischenhirn, vgl. Abb. 36, S. 56) enden. Diese Projektionsfasern umziehen in gewölbeartigem Bogen das Zwischenhirn und werden deshalb auch als Gewölbe *(Fornix)* bezeichnet.

Beim Menschen ist das zentrale Riechsystem im Vergleich zu den Verhältnissen bei den meisten Säugetieren schlecht ausgebildet. Welchen Anteil die zum Riechapparat gehörenden Hirnbezirke bei manchen Tieren im Vergleich zum Menschen einnehmen, zeigt Abb. 73, wo das in Wirklichkeit sehr viel kleinere Gehirn eines Igels ebenso groß dargestellt ist wie ein menschliches Gehirn. In beiden ist die Ausdehnung des Riechhirns schraffiert angegeben, und es ist deutlich zu erkennen, wie das Riechhirn beim Igel ungefähr $3/4$, beim Menschen aber nur $1/12$ der Hirnoberfläche einnimmt. Bei den wasserlebenden Säugetieren dagegen (Wale, Delphine) sind die Riechzentren weitgehend zurückgebildet. Beim Übergang vom Landleben zum Wasserleben ist diesen Säugern offenbar der Geruchssinn verlorengegangen.

2. Die Sehbahn.

Riechen und Schmecken (die Geschmacksnerven ziehen aus
der Zunge zum Thalamus und von dort zur Großhirnrinde)
sind „niedere" Sinne. Sehen und Hören dagegen betrachten
wir als die „höheren" Sinne. Bildende Kunst und Musik sind
auf diese „höheren" Sinne eingestellt; es haben sich keine
Künste entwickelt, die sich an die Nase oder an die Zunge

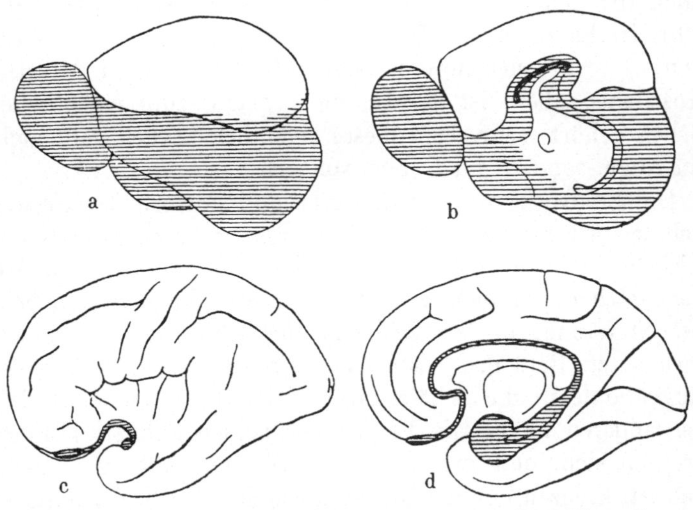

Abb. 73. Die Ausdehnung des Riechhirns bei einem niederen Saugetier und
beim Menschen. a) und b) Außen- und Innenflache des Großhirns vom Igel.
c) und d) Außen- und Innenfläche des menschlichen Großhirns. Das Riechhirn ist schraffiert. Das Gehirn des Menschen ist im Verhaltnis zum Gehirn
des Igels zu klein gezeichnet.

wenden, wenn man nicht der Kochkunst den gleichen Rang
wie etwa der Malerei zuerkennen will.

Bei der Erörterung des Sehvorganges denkt man nun ge-
meiniglich mehr an das Auge als an das Gehirn. Und doch
ist dessen Anteilnahme am Sehvorgang mindestens ebenso
wichtig wie die uneingeschränkte Funktionstüchtigkeit der
Augen. Wir können uns das leicht an einfachen Beobachtungen klarmachen. Mit einem hohen Prozentsatz Aussicht
auf Erfolg kann man seine Mitmenschen mit Fragen un-
sicher machen wie: Hat Ihre Uhr arabische oder römische

Ziffern bzw. steht die 6 aufrecht oder verkehrt? Die meisten müssen sich besinnen und können nicht mit Sicherheit angeben, welche Art von Ziffern ihre Uhr zeigt, und die wenigsten denken daran, daß sie überhaupt keine 6 auf ihrer Uhr haben, da deren Stelle in der Regel das Zifferblatt des Sekundenzeigers einnimmt. Alle diese Leute sehen natürlich nicht schlecht, und sie haben im Laufe der Jahre ihre Uhr auch oft genug angesehen, aber offenbar ist das Bild des Uhrzifferblattes in ihr Bewußtsein nie recht weit vorgedrungen; es ist in einer äußeren Schicht haftengeblieben. Mit dem Anschauen allein ist es also nicht getan, zum eigentlichen Sehen gehört mehr. Und dieses eigentliche Sehen geht nicht im Auge, sondern im Gehirn vor sich.

Die Eindrücke von Licht, Farbe und Formen der Umwelt nehmen wir mit der *Netzhaut* unseres Auges auf, deren verwickelter feinerer Bau uns hier nicht beschäftigen soll. Aus der Netzhaut sammeln sich Nervenfasern, die sich zum *Sehnerven* vereinigen, der seinerseits die Seheindrücke zum Gehirn leitet. Bald nach dem Übertritt des Sehnerven von der Augenhöhle in die Schädelkapsel vereinigt er sich mit dem der anderen Seite. Die Fasern der beiden Sehnerven überkreuzen sich, und zwar teilweise. Wie aus Abb. 74 ersichtlich ist, kreuzen nur die Nervenfasern aus den beiden inneren Netzhauthälften, während die Fasern aus den beiden äußeren Hälften ungekreuzt weiterziehen. Nach dieser *teilweisen Kreuzung* trennen sich diese beiden Sehnerven wieder, jetzt also aus Faserbündeln aus beiden Augen zusammengesetzt, was sich aber im feineren Bau nicht ausdrückt. Sie ziehen nach rechts und links ins Gehirn, und bevor sie darin verschwinden, erkennen wir noch eine Anschwellung im Verlauf jedes der beiden Faserzüge. Wir haben diese Anschwellungen im Grenzgebiet von Zwischenhirn und Mittelhirn schon kennengelernt. Es handelt sich um die seitlichen Kniehöcker *(Corpora geniculata lateralia,* Abb. 32, S. 50). Darunter versteht man eine Gruppe von Nervenzellen, an denen die Fasern des Sehnerven zum großen Teil (mehr als 90%) enden. Wir nennen diese Kniehöcker ein *primäres Sehzentrum,* weil wir hier eine von den ersten Umschaltstationen innerhalb des Gehirns vor uns haben. Ein sehr kleiner Teil der Sehnervenfasern (nach manchen Forschern vielleicht überhaupt keine) wendet sich anderen primären Sehzentren zu, nämlich dem hinteren Teil des Thalamus (S. 54), dem sogenannten Pulvinar thalami, und dem vorderen Vierhügelpaar (S. 58), das wir in der Tierreihe schon als die ausschließliche Endstätte der Sehnervenfasern kennengelernt haben.

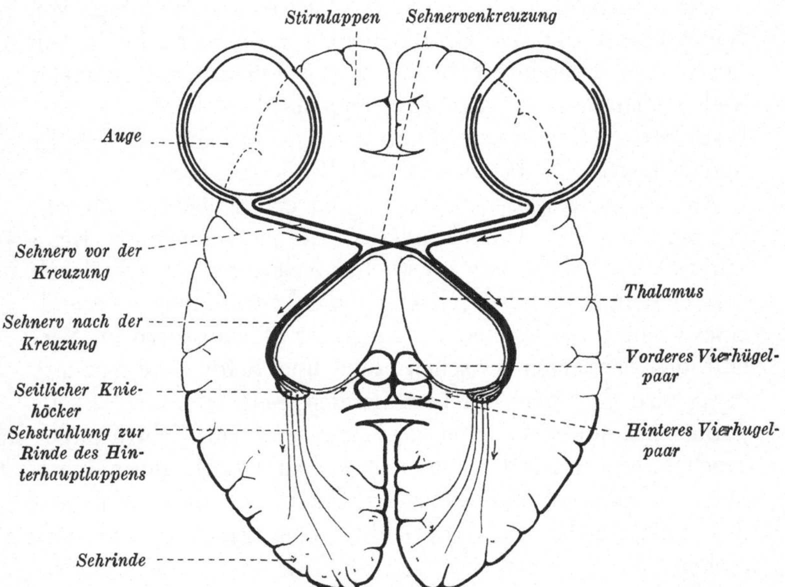

Abb. 74. Die Sehbahn. Die Augen sind verhältnismäßig zu groß gezeichnet. Die Nervenfasern aus den inneren und äußeren Netzhauthälften verlaufen in Wirklichkeit nicht getrennt im Sehnerven; sie sind hier getrennt gezeichnet, um ihr verschiedenes Verhalten bei der Kreuzung deutlicher zu machen.

An den Zellen dieser drei primären Sehzentren enden also die Fasern des Sehnerven, und von diesen gehen wieder Verbindungen zu anderen Gebieten des Gehirns. Diese primären Sehzentren finden sich auch bei den niederen Wirbeltieren, und für diese genügt offenbar der Grad der Verarbeitung des Gesehenen, wie er durch die primären Zentren gewährleistet wird. Wahrscheinlich können sie sogar bei den Tieren mehr als beim Menschen, bei dem die Zentren des Stammhirns

schon zu weit unter die Herrschaft der Großhirnrinde geraten
sind und viel von ihrer Selbständigkeit eingebüßt haben. Wir
können diesen Prozeß der Verlagerung der Endigung der
Sehnerven von den subkortikalen Zentren auf die Rinde sehr
schön an der aufsteigenden Wirbeltierreihe verfolgen. Er ist
in Abb. 75 unter Weglassung von Einzelheiten etwas schematisch dargestellt.

Die primären Sehzentren sind durch eine „Strahlung" von
Nervenfasern mit der Großhirnrinde verbunden. Es ist ein
durch eine besondere Schichtung der Zellen ausgezeichneter
Teil der Rinde im Hinterhauptslappen. Man nennt diese eine
bestimmte Gehirnfurche (*Fissura calcarina*, Abb. 16 b, S. 31
und Abb. 18 b, S. 34) umgebende Rinde die *Sehrinde*.

Aus der schematischen Darstellung der Sehbahn (Abb. 74)
können wir ohne weiteres ablesen, was passieren muß, wenn
durch krankhafte Prozesse (Schußverletzung, Druck durch
eine Geschwulst und dergleichen) die Verbindung an irgendeiner Stelle unterbrochen ist. Liegt der Störungsherd im Verlauf des Sehnerven zwischen Auge und Sehnervenkreuzung,
dann wird das Auge der betreffenden Seite erblinden. Es ist
ja die Verbindung zwischen dem Auge und dem Gehirn unterbrochen, und es nützt nichts, daß das Auge noch imstande ist,
seine Aufgabe voll und ganz zu erfüllen. Die Eindrücke werden nicht mehr an das Gehirn weitergegeben, und wir
„sehen" ja eigentlich erst mit den Sehzentren des Gehirns.
Die „belichtete Platte" muß gleichsam im Gehirn erst entwickelt werden, damit das Bild erscheint.

Was aber geschieht, wenn die Unterbrechung zwischen der
Sehnervenkreuzung und dem Gehirn liegt? Wir haben gehört
(S. 118), daß die Sehnerven zur Hälfte kreuzen, zur Hälfte
ungekreuzt weiterverlaufen. Es fällt also dann je eine Netz-
hauthälfte eines Auges aus (welche, ist aus Abb. 74 abzulei-
ten), und der betreffende Mensch sieht mit jedem seiner
Augen nur die Hälfte seiner Umwelt, sein Gesichtsfeld ist
also bedeutend eingeschränkt. Weiterhin spielen eine Rolle
Zerstörungen im Bereich der Sehrinde des Hinterhauptslappens. Der Krieg brachte Fälle von Schußverletzungen in
dieser Gegend des Gehirns. Wird dabei die Rinde, in der die

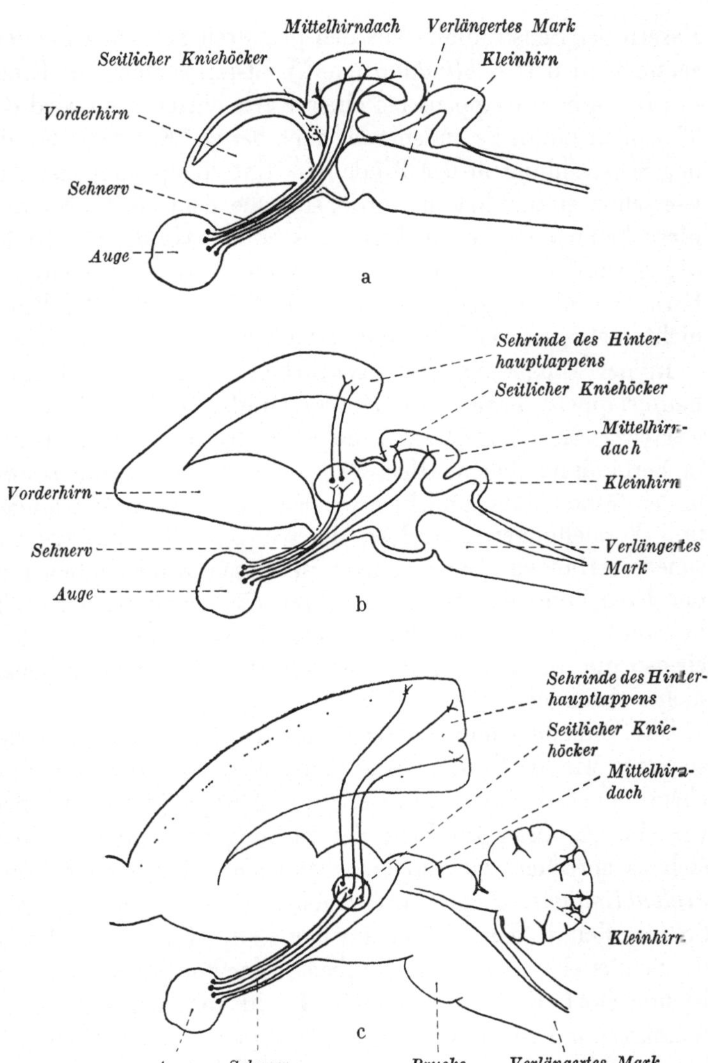

Abb. 75. Verlagerung der Sehzentren in der aufsteigenden Wirbeltierreihe. a) Fisch. b) Reptil. c) Säuger. Zu beachten ist: Das Mittelhirndach der Fische wird bei den Säugern zu den beiden vorderen Hügeln des Vierhugeldaches. Die Sehnervenfasern, die bei den Fischen im Mittelhirndach enden, verlagern ihre Endigung mehr und mehr in den seitlichen Kniehocker. Dieser spielt bei den Fischen als Sehzentrum praktisch noch keine Rolle. Vom seitlichen Kniehocker zieht dann die Sehstrahlung zum Hinterhauptslappen des Großhirns, sobald sich dieses entwickelt.

Fasern der Sehstrahlung aus den primären Sehzentren enden, zerstört, so tritt *Erblindung* ein. Wird im Versuch die Rinde des Hinterhauptslappens bei einer Katze entfernt, so wird das Tier nicht blind. Es enden zwar auch bei der Katze die Fasern der Sehstrahlung in der Rinde des Hinterhauptslappens, aber wie schon einmal betont wurde, sind die Zentren des Stammhirns beim Menschen in besonders hohem Grade unselbständig geworden und haben ihre Funktion so weitgehend der Hirnrinde übertragen, daß sie nach Ausschaltung der Rinde nicht mehr vollwertig eintreten können.

In der Umgebung der eigentlichen Sehrinde des Hinterhauptslappens liegen nun andere Rindenbezirke, die durch Nervenfasern (Assoziationsbahnen, S. 39) mit der Sehrinde in Verbindung stehen. Hier werden offenbar die Erinnerungsbilder festgehalten, und hier werden auch die Empfindungen und Vorstellungen ausgelöst, die wir mit all dem, was wir sehen, verbinden. Zerstörungen in diesen Rindenanteilen in der Umgebung der Sehrinde führen ein eigenartiges Krankheitsbild herbei. Die davon betroffenen Menschen sehen ebenso gut wie andere, aber sie können mit dem Gesehenen nichts anfangen.

Das Verstehen und Verwerten unserer Sinneseindrücke bezeichnen wir als *Gnosie.* Eine Störung im Verstehen entsprechend dem Gegensatz von Praxie und Apraxie (S. 127) nennen wir eine *Agnosie.* Im Falle der Störung des optischen Verstehens sprechen wir von einer *optischen Agnosie* oder von *Seelenblindheit.* Zeigen wir einem solchen Kranken einen Schlüsselbund, dann ist er imstande, die Form und Farbe der Schlüssel genau zu beschreiben. Seine Fähigkeit, zu sehen, ist ungestört. Er wird aber nicht darauf kommen, daß es ein Schlüsselbund ist, und er wird auch seinen eigenen Schlüsselbund nicht erkennen. Schütteln wir die Schlüssel, so hilft ihm sogleich der vertraute Klang des Schlüsselrasselns; er erkennt das Gebilde nun ohne Zögern als Schlüsselbund und wundert sich selbst, wie er nicht darauf kommen konnte. Der Großhirnrindenapparat des Hörens und damit die akustische Gnosie ist bei ihm ungestört, und das Schlüsselrasseln erweckt sogleich die Vorstellung eines Schlüsselbundes. Der Gesichtseindruck vermittelt ihm aber diese Vorstellung nicht mehr. Der für das Verstehen des Gesehenen zuständige Anteil der Großhirnrinde ist ja zerstört.

Wir entnehmen dem Gesagten noch eine andere Erkenntnis. Die Großhirnrinde zeigt nicht nur Lappen und Windungen, die wir mit bloßem Auge abgrenzen können, und Felder von verschiedener mikroskopischer Struktur (S. 32), sondern wir können auch bestimmte Funktionen in der Hirnrinde „*lokalisieren*". Wir haben schon in der vorderen Zentralwindung ein Feld festgestellt, von dem die Impulse für die Bewegung der Beine ausgehen. Wir können in seiner Nachbarschaft noch weitere solche Felder abgrenzen, etwa eines, von dem die Bewegung des Armes ausgeht. Nicht nur dies, in dem „Armfeld" können wir wieder kleinere Abschnitte umgrenzen, die nur die Bewegungen der Finger usw. dirigieren. Nun haben wir ein neues Feld kennengelernt, die Sehrinde. Und ebenso wie die vordere Zentralwindung als ein „motorisches" Gebiet der Rinde durch einen besonderen Schichtenbau ausgezeichnet ist, so weist auch die Sehrinde eine ihr eigentümliche Anordnung der Zellen und der Nervenfasern (Zytoarchitektonik und Myeloarchitektonik, S. 33) auf. Ohne auf Einzelheiten einzugehen, weisen wir auf die Abb. 18 (S. 34) hin, in der Sehrinde und motorische Rinde zum Vergleich nebeneinander gestellt sind. Dem verschiedenen Feinbau der Rindenfelder entsprechen also auch verschiedene Wirkungskreise in der Großhirnrinde. Damit berühren wir das Lokalisationsproblem, dem an anderer Stelle ein eigener Abschnitt gewidmet ist (S. 142).

3. Die Hörbahn.

Die zentralen Anteile des Gehörsinnes bauen sich entsprechend dem zentralen Sehapparat auf. Der Hörnerv, *Nervus cochlearis*, zieht als ein Teil des VIII. Hirnnerven aus dem Gehörorgan, d. h. den Sinneszellen der Schnecke des inneren Ohres, zum verlängerten Mark (vgl. S. 97). Dort enden die Nervenfasern des Hörnerven an Zellgruppen, von denen dann die Fasern ausgehen, die den ersten Abschnitt der zentralen Hörbahn bilden. Die Verhältnisse sind hier ziemlich verwickelt, wie ein Blick auf Abb. 76 zeigt. Um die Einzelheiten kümmern wir uns hier nicht weiter; wir verfolgen die Hörbahn gleich auf ihrem Weg durch das verlängerte Mark. Sie bildet da ein Gegenstück zu den sensiblen Bahnen (mediale Schleife, S. 83), indem sie als laterale Schleife (*Lem-*

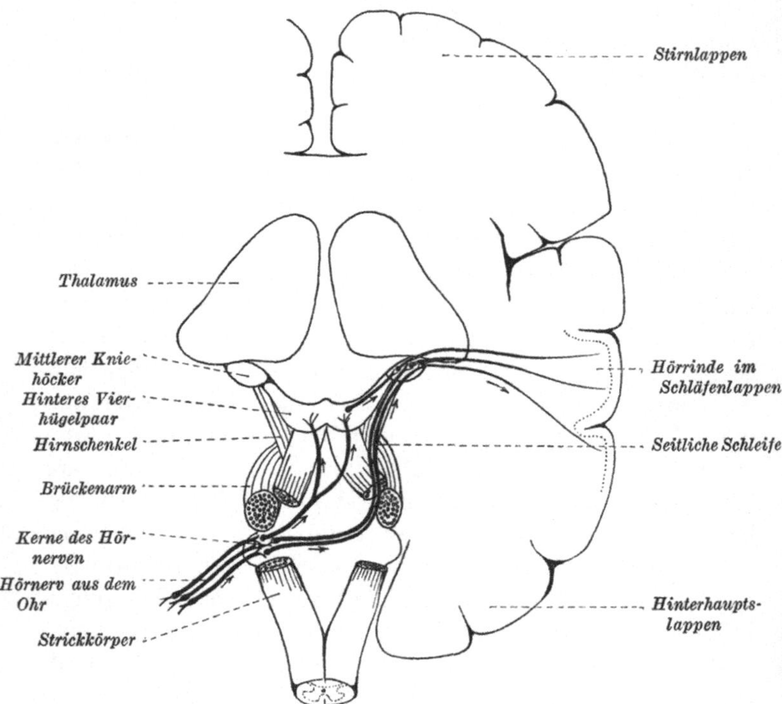

Abb. 76. Die Hörbahn in vereinfachter und schematischer Darstellung. Das verlängerte Mark ist durchsichtig gedacht, so daß die Faserbündel der Hörbahn, die zum Teil die seitliche Schleife (Lemniscus lateralis) bilden, in ihrem Verlauf zu sehen sind. (Vgl. Abb. 32a, S. 50.)

niscus lateralis) zu ihren nächsten Zentren aufsteigt. Es sind dies das hintere Vierhügelpaar (*Corpora quadrigemina posteriora*) und die mittleren Kniehöcker (*Corpora geniculata medialia*). Diese Gebilde stellen also ebenso wie die vorderen Vierhügel und die seitlichen Kniehöcker im Verlauf der Sehbahn (Abb. 74, S. 119) die subkortikalen Zentren der Hör-

bahn dar, von denen erst die Bahnen zur Rinde des Großhirns, und zwar des Schläfenlappens, ziehen.

Was die Sehrinde des Hinterhauptslappens für die Sehbahn ist, das ist die *Rinde des Schläfenlappens* für die Hörbahn. Das will besagen, daß ebenso wie in der Rinde des
Hinterhauptslappens das Gesehene verarbeitet und gedank-
lich verwertet wird, im Schläfenlappen das Gehörte zum
geistigen Besitz des Menschen wird. Mit dem Gehörsinn verbinden sich schließlich das Musikverständnis, die musikalische
Begabung, die Fähigkeit, Klänge und Rhythmen zu ana-
lysieren usw., und auch diese höheren Leistungen des Gehörsinnes sind dem Aufgabenbereich der Rinde des Schläfenlappens zuzurechnen.

Wir begnügen uns mit dieser kurzen Darstellung, da das
Grundsätzliche über die zentralen Sinnesbahnen wohl schon
aus der Schilderung der Riech- und Sehbahn klar geworden
ist und die Verhältnisse im Bereich der Hörbahn nun auch
ohne eingehende Erläuterung aus Abb. 76 ersehen werden
können. Auf Schilderung von Einzelheiten können wir uns
im übrigen hier nicht einlassen.

Unser Ohr dient ferner nicht nur zum Hören, sondern enthält auch die Sinnesorgane für die Orientierung über die
Lage des Körpers im Raum. Ob wir schief stehen oder gerade, gedreht werden oder in Ruhe sind, merken wir vor
allem mittels des *Gleichgewichtssinnesorgans.* Dieses befindet
sich im inneren Ohr in Gestalt von bogenförmigen Kanälen.
Von diesen geht ein Nerv aus, der wie die hinteren Wurzeln
des Rückenmarks in seinem Verlauf ein Ganglion aufweist. Er
tritt in das verlängerte Mark als der sogenannte *Vestibularis-*
nerv ein und endet hier an einigen Kernen, die weiterhin mit
wichtigen Gebilden des Gehirns in Zusammenhang stehen.
Der bedeutendste dieser Kerne ist der großzellige Vestibu-
lariskern von Deiters, auch kurz Deitersscher Kern genannt. Von ihm gehen Bahnen weiter zum Kleinhirn, dessen
Hauptaufgabe die Regulierung des Gleichgewichts und die
Sicherung einer richtigen Orientierung über die Lage des
Körpers im Raum ist. Direkte Bahnen steigen aber auch aus
dem Deitersschen Kern zum Rückenmark ab *(Tractus vesti-*

bulo-spinalis). Ferner helfen Fasern aus dem D e i t e r s schen Kern ein altes Grundbündel des Gehirns bilden, das wir schon bei niederen Wirbeltieren in starker Ausbildung antreffen. Es ist dies das hintere Längsbündel (*Fasciculus longitudinalis posterior*), das auch mit den Augenmuskelkernen in Verbindung steht. Es spielt offenbar eine große Rolle beim Zustandekommen gewisser Reflexbewegungen der Augen und des Halses (bei Tieren auch des Rumpfes) bei Kopfbewegungen.

Das im vorausgehenden über die zentralen Sinnesapparate Gesagte läßt zwar viele Fragen offen, aber es mag immerhin dies dem Verständnis des Lesers nahegebracht worden sein, daß nämlich die Leistungen unserer Sinnesorgane zum großen Teil Leistungen des Gehirns sind. Jedem unserer Sinnesorgane steht ein ausgedehnter Apparat von Nervenzellgruppen und Bahnen im Gehirn zur Verfügung, der die von den Sinnesorganen aufgenommenen Reize analysiert und verwertet. Das Auge des Malers unterscheidet sich in seiner optischen Leistungsfähigkeit nicht von dem des Jägers oder des Bauern. Das, was wir als Malerauge zu bezeichnen pflegen, liegt im Gehirn, im Hinterhauptslappen. Denn im Gehirn geht die verschiedene Auswertung dessen vor sich, was die verschiedenen Menschen zwar mit den gleichen Augen sehen, was aber für jeden von ihnen etwas anderes bedeutet. Nicht minder ungleich sind die Empfindungen verschiedener Menschen mit im übrigen gleichem Hörvermögen beim Anhören eines musikalischen Werkes. Dies sind ja wohl allgemein bekannte Tatsachen, aber man denkt selten darüber nach, und die wenigsten wissen etwas von den Strukturen im Gehirn, die dabei eine Rolle spielen.

E. Gehirn und Sprache.

Die Sprache kommt nur dem Menschen zu. Es gibt zwar auch bei den Tieren Lautäußerungen und verschiedene Formen des Mitteilungsvermögens — das Grillenweibchen hört auf das Zirpen des Männchens, die Bienen verständigen sich

durch Tänze über die Eröffnung neuer Nektarquellen, die
Papageien können menschliche Laute nachahmen —, aber
zur Ausbildung einer echten Sprache kommt es nicht. Die
Fähigkeit, *Begriffe* zu bilden, geht den Tieren ab. So wenig
das Sehen nur Sache des Auges und das Hören nur Sache
des Ohres ist, so „spricht" eigentlich auch nicht der Kehlkopf, sondern das Gehirn. Der Kehlkopf, die Lippen, die
Zunge usw. formen nur die Laute, sie stellen die Handwerks-
zeuge des „Sprechens" dar; die „Sprache" aber ist ein Pro-
dukt der Großhirnrinde.

Wir gehen diesmal nicht von der Peripherie, also vom
Kehlkopf aus, sondern beginnen gleich mit den Rindenzentren
der Sprache. Wir haben in der Großhirnrinde zwei Sprach-
zentren, ein sensorisches und ein motorisches. Das *sensorische
Sprachzentrum* liegt im *Schläfenlappen,* das *motorische* im
Stirnlappen. Wir besprechen zunächst das motorische Sprachzentrum.

Dort, wo die untere Stirnhirnwindung von der Sylvischen
Furche (S. 28) begrenzt wird, liegt eine Windung, die nach
dem Anatomen B r o c a die *Brocasche Windung* genannt wird.
Diese Windung betrachten wir als den Ort des motorischen
Sprachzentrums. Um seine Bedeutung richtig zu verstehen,
müssen wir an unsere Ausführungen bei der Schilderung der
Bewegungsvorgänge und der Rolle des Stirnhirns anknüpfen
(S. 68). Wir haben dort gesagt, daß der Bewegungsentwurf
im Stirnhirn entsteht, etwa für die Tätigkeit des Kerzenanzün-
dens. Dieser Bewegungsentwurf wird zur Ausführung dann
der vorderen Zentralwindung übertragen, so wie der Architekt
den Entwurf zu einem Haus zur Ausführung einem Baubüro
übergibt. Wir sprechen bei einem solchen Tätigkeitsvorgang
von einer *Praxie,* und wir können uns ihre Bedeutung am
besten veranschaulichen, wenn wir ihre Störung studieren,
die *Apraxie.* Eine Art von Apraxie liegt z. B. vor, wenn ein
Mensch infolge einer Stirnhirnschädigung nicht mehr imstande ist, einen Bewegungsentwurf zu bilden. Ein solcher
Kranker vermag, da sein ganzer motorischer Apparat von der
vorderen Zentralwindung bis zur Vorderhornzelle intakt ist,
einzelne Bewegungen völlig geordnet und richtig auszuführen,

127

die Handlungsfolge aber wird, da er der vorderen Zentralwindung keinen richtigen Entwurf mehr zur Verfügung stellen kann, empfindlich gestört. Aufgefordert, eine Kerze anzuzünden, wird ein solcher Kranker etwa die Zündholzschachtel an der Kerze reiben und dergleichen.

Ganz ähnlich liegen die Verhältnisse bei der Sprache. Die Rindenzentren für die Kehlkopfmuskeln und für die beim Sprechen beteiligten Lippen-, Zungenmuskeln usw. liegen im Fuß der vorderen Zentralwindung (Abb. 45, S. 69). Diese Zentren sind jederzeit bereit, an ihre Muskeln Impulse zu senden, wodurch Laute, Silben und Worte hervorgebracht werden. Es handelt sich also bei der Lautproduktion um eine Praxie im gleichen Sinne wie bei einer Handfertigkeit und dergleichen. Damit aber nun ein richtiges Wort, ein Satz, ein Gespräch zustande kommt, muß den betreffenden Innervationszentren in der vorderen Zentralwindung ein Bewegungsentwurf übermittelt werden. Der Bewegungsentwurf für die Sprache kommt nun in der Brocaschen Windung zustande; dort sitzt der Architekt der Sprache.

Hier sei bemerkt, daß die Brocaschen Windungen beider Seiten nicht gleichwertig sind; von entscheidender Bedeutung ist vielmehr immer nur die der einen Seite. Beim Rechtshänder, also der Mehrzahl der Menschen, ist die Brocasche Windung der linken Seite das motorische Sprachzentrum, während beim Linkshänder die Brocasche Windung der rechten Großhirnhemisphäre die Wortbildung beherrscht. Die jeweils zurücktretende Hemisphäre ist am Zustandekommen der Sprache nicht völlig unbeteiligt, sie nimmt aber eine Art Hilfsstellung ein. Das ist eine uns neue Feststellung. Rechte und linke Gehirnhälfte sind demnach einander nicht gleichwertig. Wir werden darauf noch zurückkommen (S. 149).

Ein Zerstörungsherd im Bereich der motorischen Sprachrinde (Brocasche Windung) wird also den Menschen der Fähigkeit zum Sprechen berauben. Ebenso wie wir von einer Apraxie bei einer Störung des Bewegungsentwurfes für Arm oder Bein sprechen, so können wir auch von einer Apraxie der Sprache reden. Man hat aber dafür eine besondere Bezeichnung und nennt eine solche Störung eine *motorische*

Aphasie. Ein motorisch-aphasischer Mensch versteht alles,
was ihm gesagt wird; er weiß auch, was er sagen will, und
bemüht sich um die Formung der Sprache mit Aufbietung
aller Kräfte. Der Kranke könnte auch und kann tatsächlich
sprechen, sein Stimmapparat ist in Ordnung, die Innervationszentren in der vorderen Zentralwindung sind intakt,
aber sie bekommen keine richtigen Wort- und Satzentwürfe
mehr, und die Zentren der einzelnen Stimmuskeln in der vorderen Zentralwindung sind nicht imstande, die für die Bildung eines Wortes nötige Zusammenarbeit von sich aus zu
organisieren. Reste, vor allem viel geübte Worte, können
erhalten bleiben. Auch kann ein solcher Kranker oft ein Lied
richtig singen, während er sonst nur unverständliche Laut-
gebilde hervorbringt. Die Sprache versagt beim Motorisch-
Aphasischen wie ein dirigentenloses Orchester.

Der motorischen Aphasie, wie wir sie eben geschildert
haben, steht die *sensorische* gegenüber. Die Sprache ist mit
dem Hören eng verknüpft. Wir lernen sprechen, indem wir
die gehörten Worte nachsprechen, und die Fähigkeit zu
sprechen entwickelt sich beim Kinde um so besser, je mehr
es das Gehörte versteht. Wir erinnern hier auch an das auf
S. 122 über die optische Agnosie oder die Seelenblindheit Gesagte. Wir fanden, daß bei völliger Unversehrtheit der für
das Sehen nötigen Apparate, also des Auges, der Sehbahnen
und der Sehzentren, doch eine Blindheit derart bestehen kann,
daß das Gesehene nicht erkannt und verstanden wird und
folglich auch nichts damit angefangen werden kann. Der
Seelenblinde sieht zwar sein Haus als Haus mit allen Einzelheiten, er erkennt es aber nicht als das seinige und wird daher
auch nicht hineingehen. Für seine Mitmenschen verhält er
sich wie ein Blinder. Um eine Agnosie in diesem Sinne
handelt es sich auch bei der sensorischen Aphasie. Dadurch,
daß der sensorisch Aphasische nicht mehr versteht, was er
hört, ist er auch nicht mehr imstande, verständlich zu sprechen. Dabei ist nicht nur der Satzaufbau gestört, sondern es
werden auch die Worte, Silben und Buchstaben miteinander
verwechselt und ein unverständliches Kauderwelsch ist die
Folge solcher Entgleisungen. Das Aussprechen richtiger oder

sinnloser Wortgebilde in mehr oder weniger zusammenhangs-
loser Folge macht dem sensorisch Aphasischen keine Schwierigkeit (im Gegensatz zum motorisch Aphasischen), und so
spricht er ungehemmt darauflos. Meist merkt er nicht, daß
seine Äußerungen unverständlich sind. Er sucht auch durch
vieles Reden und Wiederholen sich seiner Umgebung verständlich zu machen, wie das etwa auch gesunde Menschen
tun, die sich in einer ihnen fremden Sprache ausdrücken
wollen. Überhaupt kann man sich den Zustand der sensorischen Aphasie recht gut vorstellen, wenn man sich an die
Lage erinnert, in der man sich unter fremdsprachigen Menschen befindet. Man hört alles, was die anderen sprechen,

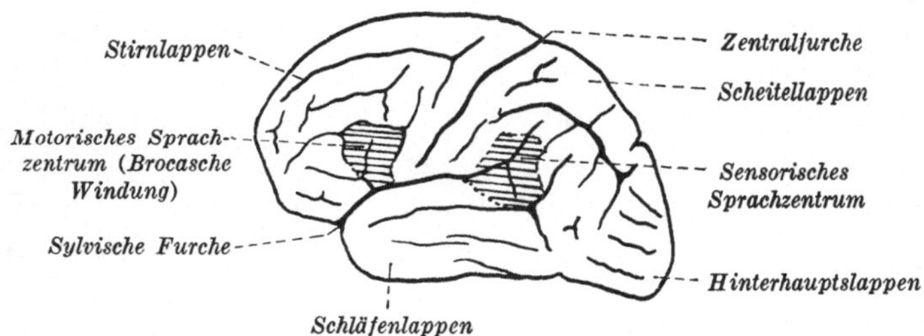

Abb. 77. Grobe Lokalisation des motorischen und des sensorischen Sprachzentrums.

aber da man nichts oder wenig davon versteht, kann man
nicht oder nur unzulänglich antworten. Für die fremdsprachigen Menschen ist man mehr oder minder aphasisch. Und
was man selber von sich gibt, erinnert in seiner falschen Aus-
sprache, mit den zahlreichen grammatikalischen Fehlern und
den vielfach ganz verdrehten Worten ebenfalls an das Sprechen eines sensorisch-aphasischen Menschen. Wir sagen,
der sensorisch Aphasische spricht ein Kauderwelsch und
bezeichnen damit die Ähnlichkeit zwischen dem Verhalten des
fremdsprachigen Menschen und dem des Kranken.

Bei der Untersuchung des Gehirns eines sensorisch Aphasischen finden wir die Zerstörung nicht in der Gegend der
unteren Stirnhirnwindung (Brocasche Windung), wie bei der
motorischen Aphasie, sondern weiter hinten im Gebiete des
Schläfenlappens (Abb. 77). Hier ist also das Sprachverständ-

nis lokalisiert. Wieder muß, wie schon so oft, darauf hingewiesen werden, daß mit dem Gesagten nur das grundlegend Wichtige in der einfachsten Form mitgeteilt ist. Gerade die Lehre von der Aphasie nimmt auf dem Gebiet der Nervenkrankheiten einen ganz besonders großen Raum ein. Mit unserer Schilderung hier verhält es sich nicht anders, als wenn wir vom deutschen Flugwesen nur sagen würden, daß in Berlin und Frankfurt Flugplätze sind. Sehr viel wüßten wir damit noch nicht, und so müssen auch unsere Kapitel über die Tätigkeiten der einzelnen Abschnitte des Nervensystems als sehr bescheidene Schilderungen von in Wirklichkeit ausgedehnten Forschungsgebieten betrachtet werden.

F. Die Lehre von den Reflexen.

Wenn wir versuchen, mit einem Stäbchen oder dergleichen die Hornhaut unseres Auges zu berühren, so senkt sich zum Schutze des Auges blitzschnell und unwillkürlich das obere Augenlid. Wir nennen diesen Vorgang einen *Reflex*. Solche Reflexe kennen wir in großer Anzahl. Eingeatmeter Staub löst den *Hustenreflex* aus; wenn wir den Finger in den Schlund stecken, dann kommt der *Würgereflex* zustande, für den Neugeborenen ist der *Saugreflex* von großer Bedeutung usw. Reflexe sind also meist zweckmäßige, vom Willen unabhängige Reaktionen des Organismus auf Reize verschiedener Art. Sie sind uraltes Erbgut unserer tierischen Ahnenreihe, in deren Leben sie eine noch weit größere Rolle spielen als bei uns. Die nervösen Vorgänge beim Husten- oder Nießreflex sind schwer zu verstehen; wir machen uns das Zustandekommen eines Reflexes an einem verhältnismäßig einfachen Beispiel klar.

In der nervenärztlichen Untersuchung spielen die *Sehnenreflexe* eine große Rolle. So klopft der Arzt z. B. mittels eines leichten Gummihammers auf die Sehne, die die Kniescheibe mit dem Schienbein verbindet. Ein kurzer Schlag genügt, um eine leichte Zerrung des großen Streckmuskels an der Vorderseite des Oberschenkels zu erzielen, die dieser mit einer schnellen Zusammenziehung beantwortet. Durch die Zusammenziehung des Streckmuskels wird der Unterschenkel ein Stück weit nach vorne gehoben. Dieser Knie-Sehnenreflex (Patellarreflex; Patella = Kniescheibe) spielt in der ärztlichen Untersuchung eine große Rolle; warum, werden wir gleich sehen.

Was passiert, wenn wir in der geschilderten Weise auf die Sehne unterhalb der Kniescheibe klopfen? Die in der Musku-

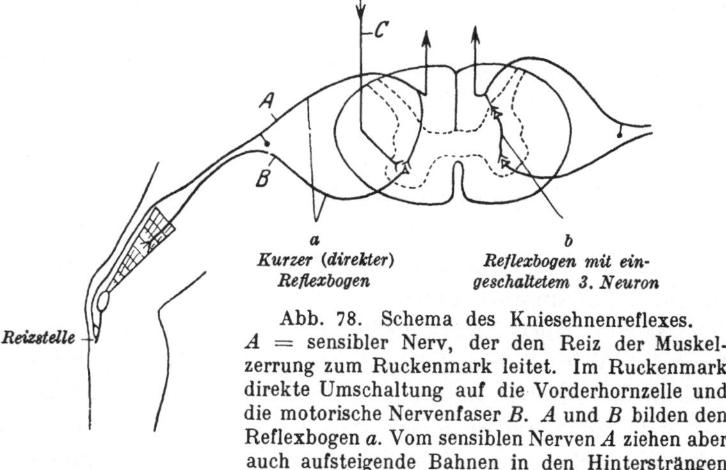

Abb. 78. Schema des Kniesehnenreflexes. A = sensibler Nerv, der den Reiz der Muskelzerrung zum Ruckenmark leitet. Im Ruckenmark direkte Umschaltung auf die Vorderhornzelle und die motorische Nervenfaser B. A und B bilden den Reflexbogen a. Vom sensiblen Nerven A ziehen aber auch aufsteigende Bahnen in den Hintersträngen zum Gehirn. Ferner wirkt die Pyramidenbahn C regulierend und dämpfend auf die Vordernhornzelle und damit auf den Reflex. Der Reflexbogen kann durch Zwischenschaltung eines Neurons (b) komplizierter werden.

latur des großen Streckmuskels liegenden Sinnesorgane sprechen auf die Dehnung des Muskels an. Sie werden durch die kurze Zerrung des Muskels beim Schlag auf seine Sehne gereizt und leiten diesen Reiz durch die sensiblen Nerven über die Spinalganglien (S. 79) und hinteren Wurzeln ins Rückenmark. Der Vorgang wird nicht dem Gehirn gemeldet, dazu ist keine Zeit. Die ankommende Erregung wird vielmehr an Ort und Stelle im Rückenmark auf die motorische Vorderhornzelle umgeschaltet.

Die bei einem Reflex beteiligten Nervenbahnen bilden zusammen den Reflexbogen, wie er in Abb. 78 dargestellt ist. Die Erregung kommt so ohne Zeitverlust zum Muskel und führt hier eine ausgiebige Kontraktion herbei. Ohne daß der betreffende Mensch etwas dazu tun kann, streckt sich sein Bein im Kniegelenk und der Unterschenkel bewegt sich nach vorne. In dieser Form ist der Reflex ein Kunstprodukt. Der Arzt kann dadurch prüfen, ob der Reflexbogen an einer Stelle unterbrochen ist. Dies ist z. B. bei der *Tabes,* einer im Gefolge von Syphilis bisweilen auftretenden Erkrankung des Rückenmarks der Fall. In der Gegend des Eintritts der hinteren Wurzeln ins Rückenmark spielen sich bei der Tabes krankhafte Vorgänge ab, die schließlich zum Untergang der Hinterstränge des Rückenmarks (S. 154) führen. Für den Arzt ist das Schwächerwerden bzw. Fehlen des beschriebenen Kniesehnenreflexes eines der ersten und sichersten Zeichen einer Tabes. Im normalen Geschehen kommt es nicht zu solchen isolierten Reizungen und Zuckungen der Muskeln. Wohl aber übt die Reizung der Sinnesorgane in den Muskeln bei deren Dehnung im Verlaufe von Bewegungen einen wichtigen regulierenden Einfluß auf den geordneten Ablauf der Muskelkontraktionen aus (vgl. S. 73).

Die isolierten Muskelzuckungen im Gefolge der Reizung ihrer eigenen Sinnesorgane durch eine kurze Dehnung des Muskels, wie wir sie beim Kniesehnenreflex kennengelernt haben, werden auch als *Eigenreflexe* bezeichnet. Ihnen stehen die von außerhalb des Erfolgsorganes her auslösbaren *Fremdreflexe* gegenüber, wie die eingangs erwähnten Husten-, Nieß-, Blinzelreflexe usw., deren Bedeutung ja ohne weiteres einzusehen ist. Der Ort der Erregung und der Ort des Erfolges sind nicht identisch wie beim Eigenreflex: wir reizen z. B. die Hornhaut des Auges und erhalten eine Kontraktion des Lidmuskels usw. Eigen- und Fremdreflexe unterscheiden sich in ihrem physiologischen Verhalten in einer Reihe von Punkten. Wir wollen darauf nicht näher eingehen und es bei der Andeutung dieser Unterscheidung bewenden lassen. Wir merken uns nur ganz allgemein, daß ein großer Teil des nervösen Geschehens aus Reflexvorgängen der geschilderten Art besteht, wobei das Rückenmark bezüglich der Eigenreflexe eine gewisse Selbständigkeit gegenüber dem Gehirn besitzt.

Einen Reflex können wir nun mit einen Reiz verbinden, der gewöhnlich für seine Auslösung keine Rolle spielt. Wir nennen einen solchen Reflex einen *bedingten Reflex*. Er kann z. B. folgendermaßen zustande kommen: Reizt man die Mundschleimhaut eines Hundes mit verdünnter Säure, so tritt — es ist uns dies von sauren Speisen her bekannt — ein starker Speichelfluß ein. Die Säure ist der unbedingte Reiz für die Absonderung des Speichels. Nun kann man die Reizung mit Säure mehrmals wiederholen und jeweils mit einem Lichtsignal oder einem Ton und dergleichen verbinden. Es möge etwa jedesmal eine Glühlampe aufleuchten. Nach genügender Wiederholung dieses Versuches können wir den Säurereiz weglassen und es genügt bereits das Aufleuchten der Glühlampe für das Einsetzen der Speichelsekretion. Das Licht löst jetzt Speichelfluß aus, es ist zum bedingten Reiz geworden.

Solche bedingte Reflexe spielen ohne Zweifel in unserem täglichen Leben die größte Rolle und der Hauptteil unserer erlernten Tätigkeiten beruht auf ihnen. So handelt es sich ganz offensichtlich um einen bedingten Reflex, wenn z. B. der Straßenbahnführer auf das Klingelzeichen des Schaffners hin den Motor einschaltet. Der Straßenbahnführer kann dabei an etwas anderes denken; nur anfangs beim Lernen mußte er überlegen, was auf das Klingelzeichen des Schaffners hin zu tun ist und in welcher Reihenfolge. So werden auch bei anderen Tätigkeiten in wechselnden Verbindungen Reize, die auf das Auge oder das Ohr oder ein anderes Sinnesorgan wirken, mit bestimmten Handlungen verknüpft, die dann nach mehrfacher Übung im Zusammenhang mit dem bedingten Reiz ganz automatisch und ohne Überlegung ablaufen.

Bedingte Reflexe spielen auch eine große Rolle bei der Untersuchung der Sinnesorgane der Tiere. Sie bieten eine Möglichkeit, die Fähigkeit der Tiere zu hören, Farben zu sehen usw. zu untersuchen, da wir sie nicht wie den Menschen über ihre Eindrücke befragen können. Überraschende Ergebnisse wurden so erzielt. Wenn man z. B. in der geschilderten Weise bei einem Hund die Mundhöhle mit Säure reizt, während zugleich ein Metronom hundertmal in der

Minute schlägt, so tritt nach genügender Übung Speichelfluß
auch ohne Säure ein, wenn das Metronom auf 100 Schläge
pro Minute eingestellt ist. 96 oder 104 Schläge in der Minute sind aber unwirksam. Der Hund hat also ein sehr feines
Unterscheidungsvermögen für Zeitintervalle, das man anders
wohl nicht entdeckt hätte.

Es liegt nahe, in einer so hoch entwickelten Unterschieds-
empfindlichkeit eine Leistung des Großhirns zu erblicken
und in der Tat werden durch operative Eingriffe mit Zerstörung von Rindenpartien bestehende Reflexe aufgehoben
und die Bildung neuer unmöglich gemacht. Indessen darf
man daraus nicht schließen, daß die Fähigkeit, bedingte Reflexe zu bilden, nur den Säugetieren zukommt. Es ist richtig,
daß bei diesen dazu eine unversehrte Großhirnrinde nötig ist,
aber niedere Wirbeltiere, die keine Großhirnrinde besitzen,
wie z. B. die Fische, sind genau so wie die Tiere mit Großhirnrinde imstande, bedingte Reflexe zu bilden. So vermögen
Fische bedingte Reflexe mit Gehörsreizen zu bilden und man
kann so ihren Gehörsinn untersuchen.

Nicht einmal die hohe Organisation des Wirbeltiergehirns
ist Voraussetzung für das Zustandekommen bedingter Reflexe. Auch Insekten, wie die Bienen, lassen sich darauf
„dressieren", ihr Zuckerwasser nur auf blauem, nicht auf
andersfarbigem Grund zu suchen (vgl. Verständliche Wissenschaft, Band 1). Es sieht sogar so aus, als ob es eine Grund-
fähigkeit der tierischen Zelle sei, in dieser Art zu lernen,
denn auch einzellige Lebewesen, die überhaupt kein Nervensystem besitzen, können bedingte Reflexe bilden, wie neueste
Untersuchungen zeigten. In der aufsteigenden Tierreihe beobachten wir ja durchweg eine zunehmende Spezialisierung.
Die einzelligen Lebewesen vereinigen noch alle Grundfunk-
tionen in einer Zelle, die bei den mehrzelligen Tieren auf
verschiedene Organe verteilt sind. Die Fähigkeit zu lernen,
Reize aufzunehmen und zu verarbeiten und im Wechsel der
Umweltbedingungen verschieden zu beantworten, geht im
besonderen auf das Nervensystem über, und desto vollendeter,
je höher dieses sich entwickelt. Am vollendetsten bei den Säugern und beim Menschen.

G. Das Nervensystem als Ganzes.

Nachdem wir nun eine Reihe von Einzelheiten über den Bau und die Funktion des Gehirns, des Rückenmarks und der peripheren Nerven erfahren haben, wollen wir versuchen, gleichsam etwas zurückzutreten und das Nervensystem noch einmal als Ganzes zu betrachten. Eine Reihe von Fragen sind uns ja bereits bei der Schilderung der Einzelheiten entgegengetreten, deren Erörterung wir auf den Schluß verschoben haben. Im Zusammenhang mit anderen sollen sie uns im folgenden beschäftigen.

Etwas Einfaches zunächst: Wieviel *wiegen* Gehirn und Rückenmark im Durchschnitt? Haben gescheite Menschen ein größeres Hirngewicht als dumme? Hat der Mensch das schwerste Gehirn im Vergleich zu den Tieren? Nehmen wir zunächst vorweg, daß das Rückenmark (wir folgen im weiteren in der Hauptsache den Angaben, die A. Jakob zusammengestellt hat) des Menschen 30—35 g wiegt und daß sein Gewicht damit etwa 2% des Gehirngewichts beträgt. Damit steht der Mensch an der Spitze, denn bei allen Tieren ist das Rückenmark schwerer im Verhältnis zum Gehirn. Die Prozentzahlen (Hirngewicht = 100) für eine Anzahl von Tieren gibt folgende Tabelle:

Gorilla	6%
Sperling	10%
Dogge	23%
Ratte	36%
Pferd	40%
Kaninchen	46%
Kuh	47%
Henne	51%
Schellfisch	100%

Dagegen ist das absolute Gehirngewicht des Menschen nicht so hoch wie das mancher Tiere. Beim Menschen beträgt das Gewicht des Gehirns durchschnittlich 1350—1400 g für den Mann und 1250—1300 g für die Frau. Der Mensch wird hier vom Elefanten mit einem Hirngewicht von 4000—4800 g, von den Walen mit einem solchen von 2000—3000 g übertroffen. Uns interessiert in diesem Zusammenhang natürlich auch die Frage des Verhältnisses zwischen dem Gewicht des Gehirns und dem des ganzen Körpers. Es beträgt beim Menschen etwa 1:40, d. h. das Körpergewicht ist 40 mal größer als das Gehirngewicht. Dieses Verhältnis ist aber nicht als Maßstab für die geistige Entwicklung verwertbar, denn es gibt genug Tiere, bei denen dieses Verhältnis günstiger ist, bei denen also mehr Gehirngewicht im Verhältnis zum Körpergewicht vorhanden ist. So beträgt das Verhältnis z. B. beim Kapuzineraffen 1:25, bei der Ratte 1:28, beim Sperling 1:34. Schlechter stellen sich dagegen Gorilla mit 1:100, Adler mit 1:150, Hund mit 1:300, Pferd mit 1:400, Löwe mit 1:500 und Strauß mit 1:1200. Beim Strauß ist also der Körper 1200 mal schwerer als das Gehirn, beim Sperling nur 34 mal. So groß dürften aber die Unterschiede in der Intelligenz zwischen den beiden Vogelarten nicht sein, und in der

Name	Beruf	Alter Jahre	Gehirngewicht in g
F. I. Gall	Anatom	70	1189
Ignaz v. Dollinger	Anatom und Physiologe	71	1207
Fr. Tiedemann	Anatom und Physiologe	80	1254
R. W. Bunsen	Chemiker	88	1295
Adolf Menzel	Maler	89	1298
M. v. Pettenkofer	Hygieniker	82	1320
Justus v. Liebig	Chemiker	70	1352
Sonja Kowalewski	Mathematikerin	41	1385
N. v. Nußbaum	Chirurg	61	1410
Theodor Mommsen	Historiker	86	1425
H. v. Helmholtz	Physiologe und Physiker	73	1440
Gambetta	Redner und Politiker	44	1450
Robert Schumann	Komponist, geisteskrank	46	1475
Gauß	Mathematiker	78	1492
Napoleon III.	Kaiser	65	1500
D. J. Mendelejew	Chemiker	74	1571
Ernst Haeckel	Zoologe	86	1575
Schiller	Dichter	46	1580
Kant	Philosoph	82	1600
W. v. Siemens	Physiker	68	1600
W. M. Thackeray	Schriftsteller	52	1660
Bismarck	Staatsmann	83	1807
Cuvier	Naturforscher	63	1861
Turgenjeff	Schriftsteller	65	2012

Tat enthält diese Betrachtungsweise eine Reihe von Fehlerquellen.

Mehr als solche Verhältniszahlen bewegt aber die Hirnforschung die Frage nach dem Zusammenhang zwischen dem *Hirngewicht und der Begabung* eines Menschen. Wir greifen aus den Jakobschen Tabellen einige Beispiele heraus und vergleichen die Gehirngewichte bedeutender Persönlichkeiten (s. vorhergehende Zusammenstellung S. 137).

Von 1189—2012 g schwanken die Zahlen, und eine kleine Auslese von hohen Gehirngewichten von Unterbegabten und Idioten zeigt zum Vergleich, daß wir das Hirngewicht nicht als Ausdruck einer höheren Intelligenz verwerten können.

Alter Jahre	Charakterisierung	Gehirngewicht in g
21	Epileptischer Idiot	2850
37	Geistig normaler Mann	2140
10	Schwachsinniger Knabe	2069
25	Wasserkopf	1960
29	Soldat, normal	1930
22	Schwachsinniger Epileptiker	1874
70	Taubstummer, später erblindet, Idiot	1850
45	Mulatte	1830
23	Magd	1675

Auf Grund dieser Ergebnisse hat man es aufgegeben, zwischen Hirngewicht und Begabung Beziehungen aufstellen zu wollen, und man wendet sich vielmehr der Untersuchung des *mikroskopischen Aufbaus* des Gehirns, besonders der Großhirnrinde hochbegabter Menschen zu. Aber darüber liegen noch keine endgültigen und eindeutigen Ergebnisse vor. Vorerst können wir nur sagen, daß wir weder bei Verbrechern noch bei Elitemenschen sichere Unterschiede in der Anordnung, Zahl und Breite der Windungen oder sonst im gröberen Aufbau des Gehirns kennen. Vielleicht treffen die Feststellungen zu, die man an einseitig begabten Menschen machte, so z. B. die Verdoppelung der Brocaschen Sprachwindung (S. 127) bei dem redebegabten Politiker Gambetta. Im großen und ganzen ist aber bei der Untersuchung der Gehirne berühmter Menschen auf der einen Seite und von

Verbrechern auf der anderen Seite bis jetzt nichts recht Greifbares herausgekommen, und wir müssen abwarten, ob die Untersuchung des feineren Baues der Gehirne solcher Abweichungen von der Norm uns mehr Einsichten vermitteln wird.

In welcher Beziehung steht weiterhin das Gehirn zum *Schädel*? Richtet sich der Schädel in seiner Ausbildung nach dem Gehirn oder umgekehrt? Diese Frage ist nicht so ganz einfach zu beantworten. Zunächst besteht kein Zweifel, daß der Schädel in seiner Größe und Form vom Gehirn abhängt. Auf der Innenseite des Schädels zeichnen sich die Hauptwindungen des Großhirns ab, und auch durch Versuche am Tier konnte man zeigen, daß die Schädelgröße vom Gehirn bestimmt wird. In der extremsten, krankhaften Form ist dies beim Wasserkopf *(Hydrocephalus)* der Fall: Die mächtige Füllung der Ventrikel mit dem Liquor cerebrospinalis (S. 89) führt zu einer unmäßigen Ausdehnung der Schädelkapsel. Andererseits richtet sich bei Tieren die Form des Gehirns zusammen mit der Form des Schädels auch weitgehend nach den Lebensbedingungen, die ja die ganze Körperform beeinflussen. Man denke etwa an die fischartigen Schädelformen der Wassersäugetiere wie der Delphine.

Die Umweltbedingungen beeinflussen aber nicht nur die grobe Form von Gehirn und Schädel, sie bestimmen vielfach auch den inneren Aufbau des Zentralnervensystems. Wir haben in der vorausgehenden Schilderung die Entwicklung des Gehirns in der Tierreihe verfolgt und sahen, wie sein Aufbau erblich festgelegt ist. Aber nur der Grundbauplan des Fischgehirns, des Vogelgehirns, des Säugergehirns steht fest. Je nach den Ansprüchen, die die Umgebung und die Lebensweise an die Tiere stellt, werden manche Sinnesorgane besonders hoch entwickelt, andere aber rückgebildet. Solche Unterschiede drücken sich natürlich auch im Gehirn aus, die wir dann bei der vergleichenden Untersuchung feststellen. Wir erwähnten schon die Rückbildung der Riechzentren bei den wasserlebenden Säugetieren (Delphine, Wale; S. 116). Bei im Dunkeln lebenden Tieren fehlen die Sehzentren bzw. sind schwach ausgebildet (z. B. Maulwurf). Das System des Empfindungsnerven des Gesichts (Nervus trigeminus) ist dafür wieder gut entwickelt bei Tieren, die viel herumschnüffeln, nachts lebendig werden und dabei ihren Tastsinn brauchen usw. Auch diese besonderen Anpassungen an eine bestimmte Lebensweise sind im Laufe der Zeit bei den betreffenden Arten im Erbgut fest verankert worden, und die Gehirne solcher Tiere entwickeln sich von Anfang an in der artgemäßen Richtung.

Aber wir können auch Veränderungen innerhalb weniger Generationen beobachten. So weisen die Jungen von in Zoologischen Gärten gehaltenen Tieren schon ein wesentlich geringeres Gehirngewicht auf als ihre Eltern und ihre in der Freiheit aufgewachsenen Artgenossen. Die geringen Anforderungen, die das Leben im Zoologischen Garten an ein Tier stellt, bedingen also eine Abnahme des Gehirnvolumens.

Ebenfalls große Unterschiede beobachten wir, wenn wir Haustiere mit ihren noch wildlebenden Verwandten vergleichen. So ist das Gehirn des Hausschweines am Hinterhauptspol kürzer und gleichsam abgestutzt im Vergleich zum Gehirn des Wildschweines. Aus ererbter Anlage und den fest verankerten Einflüssen der Umweltbedingungen ergeben sich dann die Arteigentümlichkeiten der Gehirne, die dem darin Erfahrenen die Bestimmung einer Tierart auf Grund des Gehirnes ebenso ermöglicht, wie dies einem anderen Spezialisten an Hand des Gebisses oder des Felles gelingt. So lassen sich die Gehirne etwa von Pferd, Rind, Bär usw. an der Art ihrer Windungen, der Gestalt der Hemisphären usw. erkennen. Ein menschliches Gehirn kann man stets ohne besondere Erfahrung von einem tierischen unterscheiden.

Eine andere Frage aber ist die nach *Rassenunterschieden* innerhalb einer Art. Bei Tieren sind die Rassenunterschiede oft so groß, daß es leicht fällt, etwa das Gehirn einer Bulldogge von dem eines Windspiels zu unterscheiden und dergleichen. Wie steht es aber mit den menschlichen Rassen? Trotz zahlreicher eingehender Untersuchungen über das Problem Gehirn und Rasse wissen wir darüber recht wenig. Kaum eine der zahlreichen diesbezüglichen Behauptungen hat der Kritik standgehalten. Auch dürfte die vergleichende Betrachtung der gröberen Bauverhältnisse kaum mehr wesentliche Ergebnisse erwarten lassen. So haben wir hier ebenso wie beim Vergleich der Gehirne von Hochbegabten mit Durchschnittsmenschen noch alles von der Untersuchung des feineren Aufbaues zu erwarten.

Man glaubte beispielsweise in gewissen Hirnfurchen Merkmale höherer oder tieferer menschlicher Rassen gefunden zu haben. Aber zur Feststellung wirklich eindeutiger Rassenunterschiede ist es hier bis heute nicht gekommen. So hat sich die sogenannte *Affenspalte*, eine Furche im Hinterhauptslappen, die man als Zeichen primitiver Gehirnentwicklung betrachtete, als unwesentlich für die Beurteilung erwiesen. Sie wurde bei europäischen Völkern ebenso gefunden wie bei niedrigstehenden Naturvölkern und bei alten außereuropäischen Kulturvölkern. Auch das Gehirngewicht läßt keine feste Beziehung zur Rasse erkennen.

Wenn wir uns nach dem früher Gesagten die Bedeutung dieser Feststellung überlegen, dann brauchen wir uns darüber nicht zu verwundern. Das Gehirn ist ja nicht nur der Sitz der höheren geistigen Funktionen, sondern auch der der Sinneszentren und anderer, für primitive Bewegungen und dergleichen notwendiger Systeme. Wenn wir auch bei einer auf niederer Kulturstufe stehenden Menschenrasse eine primitivere Hirnorganisation im Zusammenhang mit niedriger geistiger Leistung annehmen dürfen, so muß sich dies noch nicht in groben Gewichtsunterschieden des Gehirns äußern. Es würde vielmehr genügen, wenn wir bei mikroskopischer Untersuchung der Großhirnrinde bezüglich der Schichtenbildung, der Zahl und Dichte der Zellen, des Reichtums an Verbindungen zwischen den Zellen und der Vielfältigkeit der Verzweigungen der Zellausläufer Unterschiede finden zwischen den höheren und den tieferstehenden Menschenrassen.

Hier liegt noch ein weites Feld für künftige Forschung offen, denn es ist noch wenig über die feinere Anatomie von Rassehirnen gearbeitet worden. Finden sich tatsächlich Unterschiede in der Dicke mancher Rindengebiete, in der Zahl ihrer Zellen usw. — bei den bisherigen Untersuchungen an Chinesen und Europäern haben sich übrigens solche Unterschiede *nicht* ergeben —, so muß sich auch dies noch nicht in einem geringeren Durchschnittsgewicht des ganzen Gehirns äußern. Primitive Rassen verfügen vielfach über scharfe Sinne, ein ausgezeichnetes Orientierungsvermögen usw. und so kann die allenfalls mangelhaftere Ausbildung einzelner Rindengebiete des Großhirns, die etwa für das philosophische oder mathematische Denken von Bedeutung sind, durch eine um so bessere Entwicklung der Hörzentren, des zentralen Sehapparates, des Riechsystems usw. ausgeglichen sein. Das gesamte Gehirngewicht kann sich also trotz solcher Unterschiede in der Entwicklung und Bedeutung einzelner Abschnitte des Gehirns bei Vertretern verschiedener Rassen gleich bleiben. Die Tatsache, daß man beispielsweise das Durchschnittsgewicht des Javanengehirns sogar höher fand als das des Europäers, überrascht uns unter diesem Gesichtspunkt weniger. Eine umfassende vergleichende Bearbeitung des feineren Baues der Gehirne verschiedener Rassen wäre aber sehr dringend notwendig, bevor manche alte Rassen ganz ausgestorben sind und wir sie nicht mehr untersuchen können.

Wir haben bei all unseren bisherigen Betrachtungen als gegeben vorausgesetzt die Tatsache der *Lokalisierung* der höheren geistigen Funktionen in der Großhirnrinde. Die Sprache, das Sehen, das Hören usw. konnten wir bereits in bestimmten Rindengebieten lokalisieren. Es erhebt sich die Frage, wie weit wir in der Lokalisation weiterer nervöser Funktionen, vor allem auch von Charaktereigenschaften, Begabungen usw. gehen können. Ist es gleichsam möglich, die geistige Persönlichkeit in eine Reihe von Eigenschaften aufzuteilen und diesen Eigenschaften jeweils bestimmte Gehirnbezirke zuzuweisen?

Solche Bemühungen um die Lokalisation im Gehirn sind alt. Einer der hervorragendsten Vertreter ist der Anatom Gall, der zu Anfang des 19. Jahrhunderts in seiner „Phrenologie" Liebe, Haß, Mordlust usw. im Gehirn lokalisierte und damit auf seine Zeitgenossen tiefen Eindruck machte. Seitdem hat sich das Problem vielfach gewandelt und heute stehen sich in der Lokalisationsfrage zwei Anschauungen gegenüber, die *Zentrenlehre* und die *Plastizitätslehre*.

Nach der ersteren ist das Gehirn aus einer großen Anzahl von Zentren aufgebaut, denen scharf umschriebene Aufgaben zukommen. Dies gilt besonders für die Großhirnrinde, in der wir nach dieser Anschauung nicht nur Felder für die Bewegung (vordere Zentralwindung, S. 69), für das Sehen (Hinterhauptslappen, S. 120), für die Sprache (Brocasche Windung, S. 127) usw. auf Grund von Studien am kranken Menschen oder von Experimenten an Tieren abgrenzen, sondern auch geistig-seelische Funktionen in bestimmten Rindenfeldern lokalisieren können. Die Abb. 79 gibt dafür ein Beispiel. Eine derartige Lokalisation stützt sich in erster Linie auf die Ergebnisse der Untersuchung hirnverletzter Menschen. Solche Menschen wurden während ihres Lebens eingehend geprüft und die gefundenen Defekte in ihren geistigen Leistungen, ihrem Charakter und ihrem Seelenleben wurden nach ihrem Tode mit der Lage und Ausdehnung der Verletzung im Gehirn verglichen. So konnte man in mühsamer Arbeit im Laufe der Jahrzehnte genügend Fälle sammeln, auf Grund deren man eine solche Karte der Hirnrindenfunktionen konstruieren konnte. Wenn wir etwa in Abb. 79a im Stirnhirn ein Feld 9 finden, in dem der Antrieb lokalisiert ist, so soll das heißen, daß Menschen, bei denen dieser Rindenbezirk zerstört ist (durch eine Schußverletzung oder dgl.), nun eine vor der Verletzung bei ihnen nicht beobachtete Antriebsschwäche zeigen. Solche Stirnhirnverletzte können Stunden und Tage lang ohne jede spontane Regung untätig und gleichgültig bleiben. In entsprechender Weise wurden die übrigen Felder gefunden.

Als starke Stütze der Zentrenlehre ist ferner das Ergebnis der Untersuchung des feineren Baues der Großhirnrinde (*Cytoarchitektonik*, S. 32) zu bewerten. Wir haben gesehen, daß sich die Großhirnrinde in eine große Anzahl von Feldern (107 nach Economo; nach neueren Untersuchern weit mehr) einteilen läßt, die durch die Zahl und Dichte der Nervenzellen, die Dicke und den Zellreichtum der einzelnen Schichten, die Unterschiede in der Form und Größe der Ner-

venzellen usw. unterschieden und in der Regel scharf voneinander abgegrenzt werden können. Unterschiede in der Struktur bedeuten uns aber bei allen übrigen Organen auch Unter-

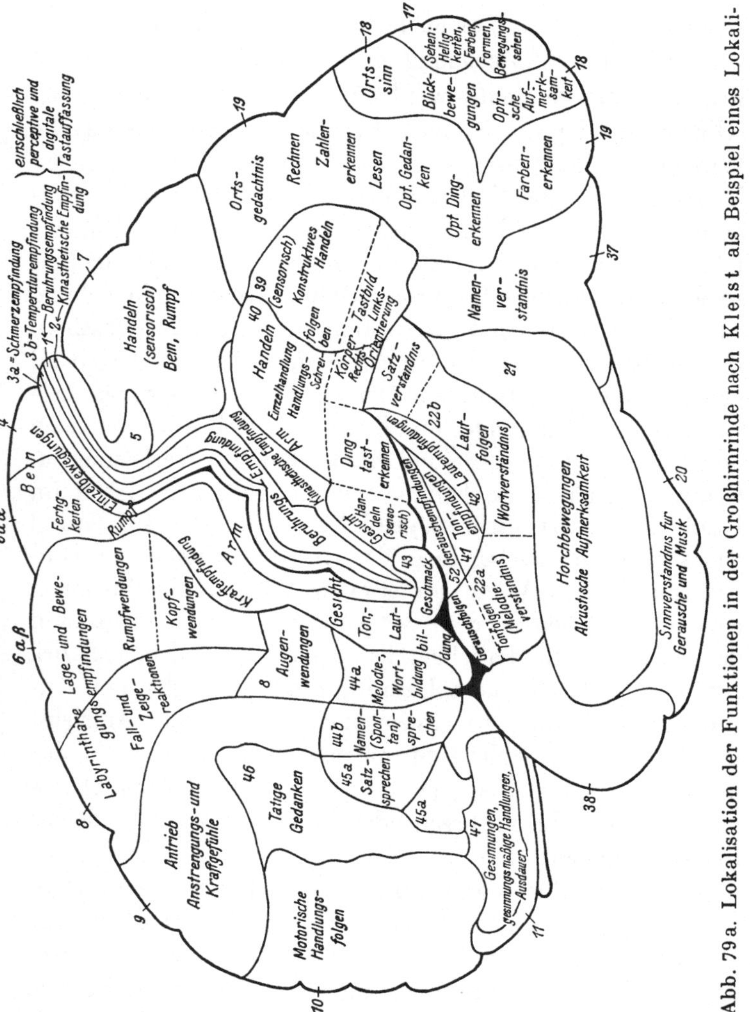

Abb. 79a. Lokalisation der Funktionen in der Großhirnrinde nach Kleist als Beispiel eines Lokali-

schiede in der Funktion. Wir dürfen diesen Grundsatz wohl
auch auf das Gehirn anwenden. In der Tat können wir, wie
eben ausgeführt wurde, Unterschiede in der funktionellen

144

Bedeutung der verschiedenen Bezirke der Großhirnrinde feststellen. Insofern ist die Lehre von der Lokalisation bestimmter
Funktionen in bestimmte Rindenfelder — das Gleiche gilt im

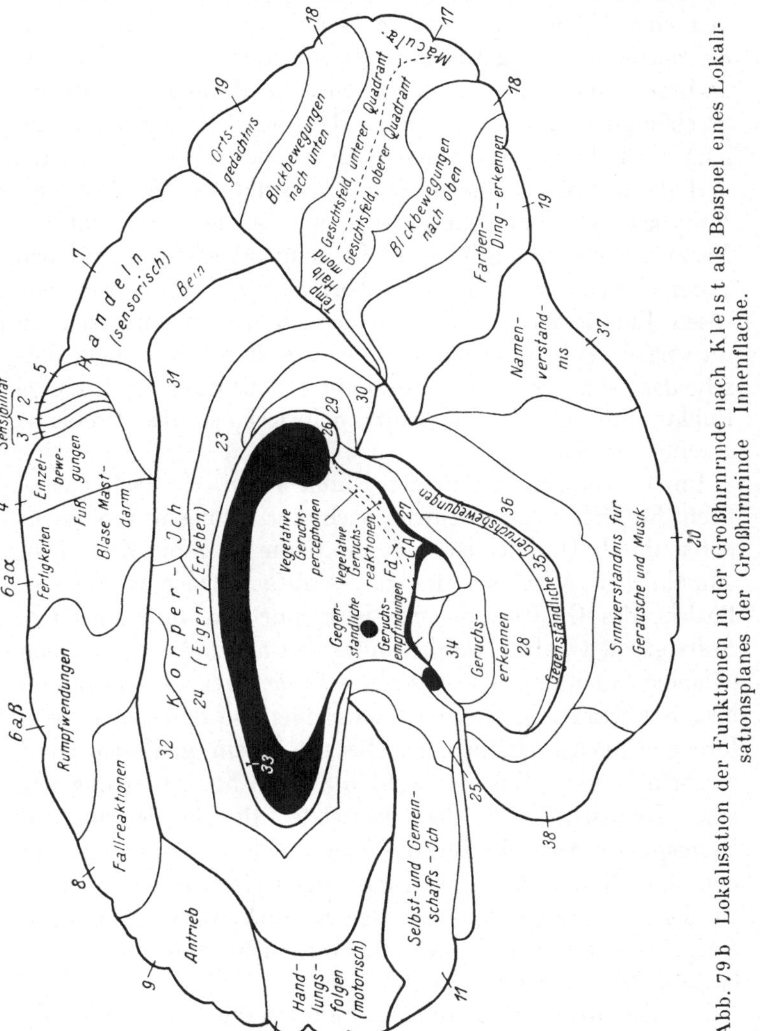

Abb. 79 b Lokalisation der Funktionen in der Großhirnrinde nach Kleist als Beispiel eines Lokalisationsplanes der Großhirnrinde Innenfläche.

übrigen im Prinzip für den Hirnstamm — so wohl begründet,
daß Zweifel an der Richtigkeit der Lokalisationslehre bezüglich des Menschen und der höheren Säugetiere nicht bestehen.

Die Meinungsverschiedenheiten treten erst dann hervor, wenn es sich um die Frage dreht, ob dieser Funktionsplan des Großhirns so festgelegt ist, daß er unter keinen Umständen eine Abänderung erfahren kann, oder ob das Zentralnervensystem eine gewisses Anpassungsvermögen besitzt, das es ihm ermöglicht, erhalten gebliebene Hirnpartien für die geschädigten eintreten zu lassen. Das würde besagen, daß im letzteren Falle das Nervensystem gegenüber solchen Eingriffen und ihren Folgen eine gewisse Plastizität an den Tag legt. Von den einen Forschern wird eine solche Plastizität des Nervensystems in größerem Umfang abgelehnt, von den anderen dafür wird die mosaikartige Lokalisation von nervösen Funktionen in Rindenfeldern und Hirnstammzentren verworfen. Wir wollen und können die Frage hier nicht entscheiden, sondern bringen zu ihrer Beleuchtung noch einige Punkte bei, die uns die ganze Schwierigkeit des Problems erkennen lassen.

Im Tierversuch wie in der Klinik sehen wir nach operativen Eingriffen am Gehirn, nach Zerstörungen von Hirnteilen durch Unfälle usw. oft im Laufe längerer Zeit einen allmählichen Ausgleich der zuerst aufgetretenen Störungen. Bezirke des Gehirns, die bis dahin nur eine unterstützende Rolle gespielt haben, werden unter den neuen Anforderungen offenbar auf ihrem Arbeitsgebiet selbständiger und entwickeln bisher verborgen gebliebene Fähigkeiten, so daß sie die verlorengegangenen Hirnpartien bis zu einem gewissen Grad ersetzen können. Das gilt wohl vor allem bei Verletzung der einen Hemisphäre für die unverletzten Bezirke der anderen Hemisphäre. Aber ein Teil der zuerst in Erscheinung getretenen Operations- oder Verletzungsfolgen bleibt immer zurück. In dem verlorengegangenen Gehirnbezirk waren eben auch Aufgaben lokalisiert, die kein anderer, auch der nächstbenachbarte nicht übernehmen kann.

Bei der Beurteilung solcher Fälle ist auch der folgende Umstand zu berücksichtigen. Unmittelbar nach der Verletzung sind die der Wunde benachbarten Teile durch Erschütterung, Druck, Blutung, Abkühlung usw. mitgeschädigt. Es fallen also zunächst viel mehr Funktionen aus, als dem zerstörten Zentrum entsprechen. Die durch Druck, Blutung usw. mitgestörten Gebiete der Umgebung des eigentlichen Defektes erholen sich aber im Laufe der folgenden Wochen und Monate und treten wieder in Tätigkeit. Was uns in solchen Fällen als Wiederherstellung verlorengegangener Funktionen imponiert, hat also nur zum Teil mit einer Plastizität des Nervensystems etwas zu tun.

So werden wir die Befunde am hirnverletzten Menschen als Beweise für die Zentrenlehre anerkennen müssen, die ja auch in der Tat die einzige befriedigende Erklärung für die Unterschiede im Feinbau des Gehirns bietet. Aber so ganz glatt auf eine Formel läßt sich die Frage nicht durchwegs bringen. Ein Beispiel soll uns die Schwierigkeiten, die da bestehen, klarmachen. Die Broca sche Windung, ein Teil der unteren Stirnwindung, gilt als Sitz des motorischen Sprachzentrums (S. 127). Zerstörung dieses Gebietes hat beim Menschen die Unfähigkeit zum Sprechen, und zwar in der Form der motorischen Aphasie zur Folge (S. 128). Wenn die in dieser Gegend liegenden Rindenfelder tatsächlich ein Sprachzentrum darstellen, dann müssen sie, da nur dem Menschen eine Sprache zukommt, einen für den Menschen eigentümlichen Feinbau zeigen. Das ist nach neueren, sehr gründlichen Untersuchungen aber nicht der Fall. Beim Orang-Utan und beim Schimpansen wurde grundsätzlich der gleiche Feinbau der Rinde in der Gegend der Broca schen Windung festgestellt wie beim Menschen. Entweder ist also die Broca sche Windung trotz aller diesbezüglichen bisherigen Untersuchungen gar kein Sprachzentrum, oder die mit unseren jetzigen Methoden feststellbaren Unterschiede im Feinbau der Rinde besagen nichts über die funktionelle Bedeutung der so festgestellten Felder. Das letztere ist wenig wahrscheinlich. Die Lösung der Frage muß künftige Forschung bringen.

Welche Tatsachen sprechen nun für die Plastizität des Nervensystems? Den meisten Lesern ist wohl das Krankheitsbild der spinalen Kinderlähmung (Poliomyelitis) bekannt. Entzündungen im Bereich der Vorderhörner des Rückenmarks (S. 64) führen hier zu Zerstörungen der Vorderhornzellen, die ihre Nervenfortsätze zu den Muskeln senden. Die

Pyramidenbahn (S. 69), die Bahnen des extrapyramidalen Systems usw. nützen nun nichts mehr, wenn die „gemeinsame Endstrecke" (S. 75), nämlich die Vorderhornzelle mit ihrem Nervenfortsatz zugrunde geht. Die Muskeln, deren Vorderhornzellen im Rückenmark zerstört sind, bekommen keine Impulse mehr, sie sind gelähmt. Durch Untätigkeit werden sie schwach und schlaff und degenerieren. Man hat in solchen Fällen z. B. einen Teil des großen breiten Rückenmuskels, der auf die Arme wirkt, durch eine künstliche Seidensehne mit dem gelähmten Bein verbunden. Die Zentren des Gehirns und des Rückenmarks müssen nun umlernen. Bisher führten Impulse über den betreffenden Nerven zur Kontraktion bzw. Erschlaffung des breiten Rückenmuskels und damit zu Armbewegungen. Nun ist aber aus einem Teil des breiten Rückenmuskels ein Beinmuskel geworden und der Mensch will nicht bei jedem Schritt eine Armbewegung mitmachen. In der Tat sind in der ersten Zeit nach einer solchen Operation die beiden Bewegungen miteinander verbunden. In Bälde aber tritt eine neue Aufgabenverteilung in Kraft und die Zentren „lernen" über denselben Nerven den neuen Beinmuskel zu anderer Zeit zu innervieren als den verbliebenen Armmuskel. Der Mensch kann nun sein Bein bewegen, ohne daß der Arm gegen seinen Willen mitbewegt wird.

Viel ausgeprägter noch finden wir diese Fähigkeit zur zentralen Umordnung bei Änderungen im Bereich des peripheren Innervationsgebietes bei niederen Tieren, besonders bei wirbellosen. Verlust eines oder mehrerer Beine führt unmittelbar nach der Operation zu einer neuen Gangart, die dem Tier die bestmögliche Fortbewegung erlaubt. Hier stellt sich also das Nervensystem rasch auf die neue Situation ein und erweist damit einen hohen Grad von Plastizität. Die Fähigkeit der Zentren unter bestimmten Bedingungen sich auf neue Situationen in der Art der hier geschilderten Beispiele einzustellen, scheint uns nichts zu beweisen gegen ihre Existenz und ihre Lokalisation.

Wir haben dieses Problem hier so ausführlich erörtert, nicht nur weil es derzeit in der Hirnforschung besonders lebhaft diskutiert wird, sondern weil der Leser auch sehen soll, wie alles noch im Fließen ist und noch in wichtigen Problemen Anschauung gegen Anschauung steht. Wie hier, so sind wir auch in vielen anderen grundlegenden Fragen noch weit von der endgültigen Lösung entfernt.

Im Zusammenhang mit dem Problem der Lokalisation nervöser Vorgänge in bestimmten Bezirken des Gehirns sei hier auch die Frage angeschnitten, ob die beiden Gehirnhälften einander gleichwertig sind. Wir haben schon gehört, daß bei Rechtshändern das motorische Sprachzentrum in der linken Großhirnhemisphäre gelegen ist (vgl. S. 128). und daß bei Schlaganfällen, die die rechte Körperseite betreffen, häufig Verlust der Sprache beobachtet wird. Bei Blutungen in der rechten Großhirnhälfte werden zwar die entsprechenden Lähmungserscheinungen auf der linken Körperseite beobachtet, aber es tritt kein Sprachverlust ein. Die gekreuzte Lage der Lähmung und des Blutungsherdes im Gehirn ist uns verständlich, nachdem wir die Kreuzung der motorischen Pyramidenbahn von der einen Seite auf die andere kennengelernt haben (S. 70). Aber wie kommt es zu dem ungleichmäßigen Verhalten der Sprache? Gibt es demnach ebenso wie Rechts- und Linkshändigkeit auch eine *Rechts- und Linkshirnigkeit*? Ohne Zweifel ist das der Fall. Beim *Rechtshänder* spielt nur die Rinde um die Sylvische Furche (S. 28) auf der *linken Großhirnhemisphäre* die Rolle des motorischen Sprachzentrums. Beim *Linkshänder* ist es *umgekehrt*; das motorische Sprachzentrum liegt im entsprechenden Rindenbezirk der rechten Großhirnhemisphäre. Dieser Unterschied scheint bei Kindern noch nicht so stark ausgeprägt zu sein. Er festigt sich im Laufe der Entwicklung.

Man hat auch geglaubt, daß die linke Hemisphäre höherwertig sei und damit auch die Rechtshändigkeit eine höhere Entwicklungsstufe darstelle. Die Linkshändigen sollten gleichsam eine tiefer stehende Rasse bilden. Davon kann aber keine Rede sein, denn die geistigen Leistungen der Linkshändigen stehen denen der Rechtshänder nicht nach. Das Überwiegen einer Gehirnhälfte, der linken beim Rechtshänder, der rechten beim Linkshänder, bedeutet also für die Gehirnleistung nicht viel. Dies geht schon daraus hervor, daß rechtshändige Menschen nach Amputation des rechten Armes sich verhältnismäßig rasch auf die Benutzung des linken Armes umstellen können. Die rechte Großhirnhemisphäre kann also offenbar die Aufgaben der linken übernehmen. Diese Beobachtungen stimmen mit der Tatsache überein, daß wir zwischen rechter und linker Großhirnhemisphäre keinen Unterschied im gröberen oder feineren Aufbau zu finden vermögen. Die Feststellung mancher Forscher, daß die linke Hemisphäre durchschnittlich um 5—10 g schwerer ist als die rechte, ist noch nicht durch die Untersuchung einer genügend großen Anzahl von Gehirnen erhärtet worden. Immerhin bleibt es bemerkenswert, daß die Sprache jeweils nur in der Hemisphäre der einen Seite lokalisiert ist, und daß in bezug auf die Sprache im späteren Leben keine Umstellung mehr möglich ist. In dieser Hinsicht ist das Gehirn also ausgesprochen unsymmetrisch.

Wie es zu dieser nun tatsächlich bestehenden Ungleichwertigkeit der beiden Hemisphären gekommen ist, darüber kann man nur Vermutungen äußern. Es ist nicht undenkbar, daß, wie manche meinen, die Bewegungen des linken Armes das Herz mehr beeinflussen, so daß der Mensch es immer vorzog, für kräftige und heftige Bewegungen den rechten Arm zu benutzen. Die so entstandene Rechtshändigkeit könnte dann auf das Gehirn zurückgewirkt und zum Überwiegen der linken Hemisphäre infolge der Kreuzung der Bahnen geführt haben. Wir wollen uns aber nicht weiter auf solche Theorien hier einlassen; das beste ist, wir geben zu, daß wir nichts darüber wissen.

Nur kurz erwähnen wollen wir die Frage nach der *Gedächtnisleistung* des Gehirns. Eines erscheint sicher, daß nämlich die Fähigkeit, etwas zu merken und dem Gedächtnis einzuprägen, an die Intaktheit der Nervenzellen gebunden ist. Ein z. B. durch Alkohol vergiftetes Gehirn ist nicht fähig etwas zu lernen. Je älter auch der Mensch wird, desto rascher geht ihm das in der letzten Zeit Erfahrene wieder zu Verlust und desto lebendiger werden die Erinnerungen. So kommt

es, daß der alte Großvater die Namen seiner Enkelkinder
von einem zum anderen Besuch vergißt, die Namen seiner
Schulkameraden aber noch zu nennen weiß. Die jungen
Nervenzellen haben also damals all die Namen, Ereignisse,
Zahlen usw. rasch und dauernd behalten; mit zunehmendem
Alter aber haftet das zu Merkende immer schlechter und
schließlich sind die Nervenzellen zur Neuaufnahme von Merk-
stoff so gut wie gar nicht mehr fähig. Was dabei in der
Nervenzelle vor sich geht, wie die Eindrücke so fest verankert
werden, daß sie als Erinnerungsbilder noch nach 5o Jahren
wieder auftauchen, das weiß niemand. Einen Unterschied
wenigstens im Feinbau einer Nervenzelle, die „sich etwas
gemerkt hat", und einer ohne Gedächtnisstoff kennen wir bis
jetzt nicht, und es ist auch fraglich, ob wir einen solchen
jemals finden werden.

Ebenso wie die Frage nach dem Wesen der Gedächtnisleistung können wir auch die nach dem Wesen der *Denk-
leistung*, der *schöpferischen Begabung*, der *verbrecherischen
Anlage* usw. stellen. Man hat versucht, die Art der Blutver-
sorgung der Gehirne hochbegabter Menschen, das Vorhan-
densein ungewöhnlich großer Nervenzellen in bestimmten
Großhirnrindenbezirken u. dgl. mit Begabung und Denk-
leistung in Zusammenhang zu bringen. Aber selbst wenn
solche Zusammenhänge wirklich bestehen, so wissen wir
noch nichts darüber, was beim Denken, bei Gefühlserregun-
gen usw. im Gehirn vor sich geht. Immerhin, einige Anhalts-
punkte haben wir, und an diese anknüpfend wird die Forschung vielleicht der Lösung dieser Fragen einmal näher-
kommen.

So wissen wir, daß der Sauerstoffverbrauch steigt und die
Durchblutung des Gehirns stärker wird, wenn wir geistig
arbeiten. Das Denken ist also mit *Stoffwechselvorgängen* der
Nervenzellen verbunden, und das Gehirn arbeitet bei der
geistigen Leistung ebenso wie jedes andere Organ bei seiner
ihm zukommenden Tätigkeit. Und schließlich ermüdet be-
kanntlich das Gehirn ebenso wie die anderen Organe.

Vom tätigen Gehirn lassen sich ferner *elektrische Ströme*
ableiten. Es ist ja schon allgemeiner bekannt, daß wir von

jedem Organ bei seiner Tätigkeit einen, wenn auch sehr schwachen elektrischen Strom ableiten können. Dieser Tätigkeitsstrom wird z. B. in der Medizin vom Herzen zum Zwecke der Diagnose von Erkrankungen des Herzmuskels abgeleitet und registriert. Aus den Abweichungen der dabei aufgezeichneten Stromwellen von dem Tätigkeitsstrombild eines gesunden Herzens kann man vielfach sehr wertvolle Schlüsse auf die Art einer Herzerkrankung ziehen. Man kann nun auch vom Gehirn, d. h. vom Schädel an verschiedenen Stellen verschiedene solche Tätigkeitsströme ableiten und aufzeichnen. Für die Diagnose von Hirnerkrankungen kann diese Methode vielleicht einmal ebenso wertvoll werden wie die Registrierung der Tätigkeitsströme des Herzens.

Versuche an Tieren, besonders an Affen, haben bei direkter Ableitung der Ströme von der Hirnrinde außerdem den überzeugendsten Beweis für die Richtigkeit der Lokalisation verschiedener Funktionen in verschiedenen Feldern der Großhirnrinde erbracht. So konnten von der Sehrinde des Hinterhauptslappen (S. 120) andere Ströme abgeleitet werden, solange das betreffende Versuchstier im Dunkeln gehalten wurde, als wenn seine Augen belichtet wurden. Ganz verschiedene Wellenformen konnten in dieser Weise von der tätigen und von der ruhenden Sehrinde abgeleitet werden. Der so gekennzeichnete Rindenbezirk deckt sich in seiner Ausdehnung scharf begrenzt mit dem Rindenfeld, das auf Grund der Untersuchung des feineren Baues als Sehrinde schon vor diesen Versuchen umschrieben worden war. Bei der Tätigkeit der Nervenzellen entstehen also auch besondere elektrische Ströme. Wie weit sie einen Teil des Wesens der Gehirntätigkeit ausmachen oder nur Begleiterscheinungen der nervösen Funktionen sind, wissen wir nicht.

Schließlich werden im Gehirn *Stoffe* gebildet, die bei den Nervenzellen bestimmte Zustände auslösen oder aufrechterhalten. Besonders interessant sind hier die sog. Schlafstoffe. Man kann aus dem Gehirn eines Tieres, das im Schlaf getötet wurde, einen Extrakt herstellen. Spritzt man diesen anderen Tieren ein, so werden sie auch in Schlaf versetzt. So hat man von Hamstern und anderen Winterschläfern im

Winterschlaf Gehirnextrakte hergestellt, deren Einspritzung bei Katzen einen 35 Tage währenden Schlaf hervorrief. Das Problem des Schlafes ist damit zwar noch nicht gelöst, aber es ist doch höchst seltsam, daß im Gehirn (und nur im Gehirn) während des Schlafes Stoffe gebildet werden, die auf andere Tiere übertragen werden können und auch bei diesen Schlaf bewirken. Außer solchen Schlafstoffen gibt es auch übertragbare krämpfeerzeugende und erregungssteigernde Stoffe, die von den Nerven- (oder Glia-?)zellen gebildet werden. Wir sind erst am Anfang in der Erforschung solcher Vorgänge im Gehirn, deren genauere Kenntnis uns ganz neue Vorstellungen vom Geschehen in den nervösen Zentralorganen vermitteln wird.

Im großen und ganzen behandelten unsere bisherigen Ausführungen das gesunde Nervensystem. Nur hin und wieder haben wir auch Beispiele aus der Krankheitslehre herangezogen, um uns die Bedeutung einzelner Teile des Nervensystems vor Augen zu führen. In der Tat lernen wir aus den Ausfallserscheinungen nach krankhaften Zerstörungen von Teilen des Gehirns vieles über deren Bedeutung, und so ist das Studium der *Krankheiten des Nervensystems* auch eine Quelle von Erkenntnissen bezüglich der Anatomie und Physiologie des gesunden, normalen Nervensystems. Aus diesem Grunde sei hier auch einiges über die Erkrankungen des Nervensystems bemerkt.

Zwei Gruppen von Erkrankungen lernen wir im folgenden kennen. Einmal die Erkrankungen des Nervensystems, die ohne Veränderung der Persönlichkeit des Kranken Störungen der nervösen Funktionen mit sich bringen, und dann die Erkrankungen des Charakters und des Seelenlebens, die das Arbeitsgebiet des Psychiaters ausmachen.

Was zunächst die erste Gruppe anbelangt, so treten uns hier eine Reihe der schwersten, leider auch zum größten Teil unheilbaren Krankheiten entgegen. Ihre Erscheinungen können wir nur verstehen, wenn wir die Anatomie des Nervensystems genau kennen. Zum Teil handelt es sich um Krankheiten, die von bestimmten *Erregern* verursacht werden, wie die Tabes, die spinale Kinderlähmung und andere. Hier erkranken immer nur bestimmte Teile des Nervensystems, und dementsprechend stellen wir jeweils bestimmte charakteristische Krankheitserscheinungen fest. So führt die im Anschluß an eine syphilitische Infektion in einem gewissen Prozentsatz der Fälle auftretende *Tabes* zur Degeneration der Hinterstränge des Rückenmarks (Abb. 80). Die Degeneration der Hinterstränge hat den Verlust der Tiefensensibilität (S. 81) und damit den Verlust des Gefühls für die richtige Bewegung der Muskeln zur Folge. Der stampfende Gang des an Tabes Erkrankten führt uns die Bedeutung der Tiefensensibilität für die richtige Abwägung der Bewegungen unserer Beine vor Augen. Ein an *spinaler Kinderlähmung* erkrankter Mensch kann gegebenenfalls auch nicht richtig gehen. Aber die Art seiner Gangstörung ist eine ganz andere als beim Tabiker

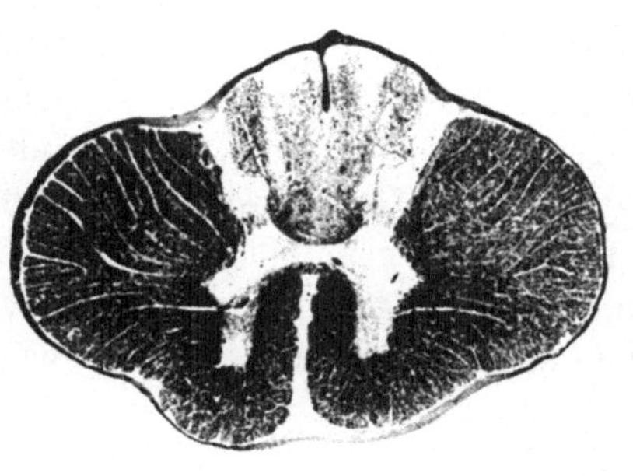

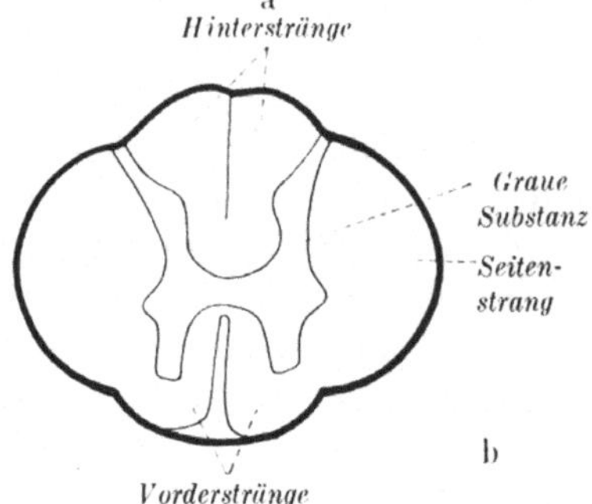

Abb. 80. a) Querschnitt durch ein menschliches Rückenmark mit Degeneration der Hinterstränge bei Tabes. Weigertsche Markscheidenfärbung (vgl. Text S. 8). Während die gesunden Nervenstränge des Rückenmarks bei der Markscheidenfärbung sich schwarz färben, nehmen die zerstörten Hinterstränge die Farbe nicht mehr an. b) Zur Orientierung Schema des Querschnitts durch das Rückenmark.

und auch die Ursachen sind andere. Die spinale Kinderlähmung betrifft nämlich die Vorderhörner des Rückenmarks und führt zur Zerstörung des peripheren motorischen Neurons (S. 107), d. h. der Vorderhornzelle mit ihrem Ausläufer. Lähmungen von Muskeln sind bei dieser Erkrankung die Folge und diese

154

führen zu den Gangstörungen. Wieder eine andere Art von Lähmungen haben wir kennengelernt im Zusammenhang mit der Beschreibung der Pyramidenbahn. Die Unterbrechung der Pyramidenbahn, etwa durch eine Blutung beim Schlaganfall, verursacht Krampflähmungen, d. h. die gelähmten Muskeln sind gespannt und deshalb zur richtigen Funktion unfähig (S. 77).

Zum Teil aber handelt es sich bei den Erkrankungen des Nervensystems um *Erbkrankheiten*, die familiär auftreten und bei denen es zu einer in verschiedenen Altersstufen einsetzenden, nicht selten auch durch äußere Umstände (Unfall, Erschöpfung u. dgl.) ausgelösten Degeneration bestimmter Rückenmarksstränge, Gehirnkerne oder größerer Partien des zentralen oder peripheren Nervensystems kommt. So gibt es z. B. familiäre Erkrankungen der Vorderhirnganglien (S. 52), die mit Lähmungen, Bewegungsunruhe, Steifigkeit usw. einhergehen. Es sind das Erbkrankheiten des extrapyramidalen Systems (S. 73), das überhaupt bei einer Reihe von erblichen Nervenkrankheiten betroffen ist, wie z. B. beim erblichen Veitstanz (Huntingtonsche Chorea), bei der Schüttellähmung (Parkinsonsche Krankheit) usw. Aber auch im Bereich des Pyramidenbahnsystems treffen wir Erbkrankheiten an in Gestalt von Muskelatrophien, erblichen Hirnnervenlähmungen usw. Ferner gibt es eine erbliche Erkrankung des spino-cerebellaren Bahnsystems (S. 85), die Friedreichsche Krankheit, die sich in Gleichgewichtsstörungen äußert. Ererbte Anlage und ein bisher noch unbekannter Erreger scheinen zusammen wirksam zu sein beim Zustandekommen der multiplen Sklerose. Mindestens entsteht diese Erkrankung nach den neueren Feststellungen nur dann, wenn besondere erbliche Voraussetzungen vorliegen, etwa derart, daß in der Verwandtschaft eines solchen Kranken eine Häufung von Nervenkrankheiten anderer Art beobachtet wird. Bei der multiplen Sklerose entwickeln sich allenthalben im Zentralnervensystem in unregelmäßiger Anordnung Herde, in denen die Glia (S. 8) gewuchert ist und die Nervenfasern ihre Markscheiden verloren haben (Abb. 81). Je nach der Lage solcher Entmarkungsherde findet man deshalb bei dieser

Krankheit von Fall zu Fall sehr wechselnde Krankheitszeichen.

Der Bekämpfung der Erbkrankheiten dienen bekanntermaßen die neuen deutschen *rassenhygienischen Gesetze.* Die ärztliche Behandlung des einzelnen Kranken muß sich in der Regel in solchen Fällen ja auf die Schmerzlinderung und die Überwachung der Pflege beschränken. Wirksam eingreifen

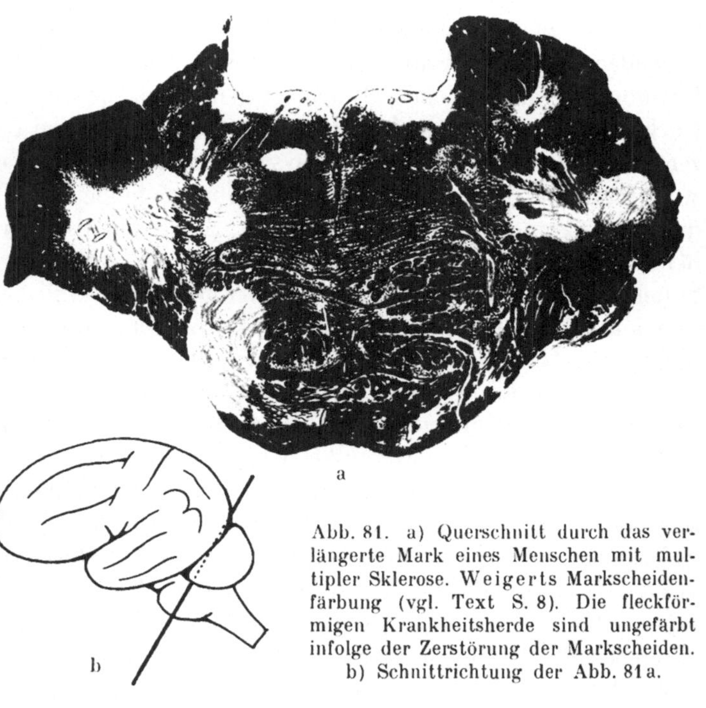

Abb. 81. a) Querschnitt durch das verlängerte Mark eines Menschen mit multipler Sklerose. W e i g e r t s Markscheidenfärbung (vgl. Text S. 8). Die fleckförmigen Krankheitsherde sind ungefärbt infolge der Zerstörung der Markscheiden. b) Schnittrichtung der Abb. 81 a.

kann die Medizin hier nur durch Verhütung erbkranken Nachwuchses auf dem Wege der *Unfruchtbarmachung* der Träger krankhaften Erbgutes. Daß aber die Entscheidung darüber stets, besonders bei der Epilepsie, beim Jugendirresein (Schizophrenie), aber auch bei den anderen Erbkrankheiten des Nervensystems eine sehr verantwortungsvolle ist und nur von dem erfahrenen Nervenarzt und Psychiater gefällt werden darf, muß wohl nicht eigens betont werden. Eingehender solche Fragen hier zu behandeln, verbietet der Rahmen dieses Büchleins. Zu viele Kenntnisse auf dem Gebiet der Krankheitslehre, der Vererbungslehre und der Anatomie des Nervensystems müßten für eine ausführliche Darstellung vorausgesetzt werden [1]).

Nur hingewiesen sei auf das große Heer der *Schädelverletzungen* mit Schädigung einzelner Partien des Gehirns, wie sie im Besonderen als Schußverletzungen im Krieg beobachtet wurden. Ganz verschieden sind in solchen Fällen die Krankheitserscheinungen, je nach der Lage und der Ausdehnung der Verletzung, und der Leser ist nach dem, was im voranstehenden geschildert wurde, in der Lage, sich ein Bild davon zu machen, wie Verletzungen einzelner Bezirke der Hirnoberfläche ganz verschiedene Ausfallserscheinungen zur Folge haben müssen.

Ein damit verwandtes Gebiet ist das der *Hirngeschwülste.* Diese sind nicht selten und gehen vielfach von einem dem Nervensystem eigenen Gewebe, nämlich der Glia (S. 8) aus. Die Gliazellen beginnen plötzlich aus uns unbekannten Gründen an einer Stelle sich zu vermehren und das normale Hirngewebe zu verdrängen. Auch hier kommen Ausfallserscheinungen je nach dem Sitz der Geschwulst zustande, und es ist eine der schwierigsten, oft aber auch dankbarsten Aufgaben für den Nervenarzt aus der Art der Ausfallserscheinungen den Sitz der Geschwulst zu erschließen. Er weist damit dem Chirurgen den Weg, und aus dieser Zusammenarbeit zwischen dem Nervenarzt und dem speziell dafür vorgebildeten Chirurgen hat sich die *Hirnchirurgie* entwickelt, die vielen Menschen Heilung oder wenigstens Befreiung von unerträglichen Schmerzen und Verlängerung des Lebens um Jahre gebracht hat.

Die zweite Gruppe von Erkrankungen betrifft die *Geistesstörungen.* Die Erforschung der Hirnveränderungen bei Geisteskrankheiten hat gerade in den letzten Jahrzehnten außerordentliche Fortschritte gemacht, und wir kennen heute bei

---

[1]) Wer sich für dieses Gebiet näher interessiert, sei hingewiesen auf das Buch von F Curtius· Die organischen und funktionellen Erbkrankheiten des Nervensystems. Stuttgart 1935.

einer Reihe von Geisteskrankheiten ziemlich genau die zugehörigen krankhaften Veränderungen im Gehirn. Was der Psychiater zu dem Kapitel „Gehirn und Geistesstörung‘‘ zu sagen hat, möge der Leser in dem Büchlein „Die Welt des Geisteskranken‘‘ (Verst. Wiss. Band 24, S. 53—65) nachschlagen; wir wollen hier vom Standpunkt des Anatomen einiges darüber berichten.

Eine der anatomisch am besten untersuchten Geisteskrankheiten ist die *Paralyse*. Die Paralyse ist eine Folgeerkrankung der Syphilis. Es ist noch ungeklärt, warum ein Teil der Menschen, die eine Syphilis überstanden haben, später, 5—10 Jahre nach der Ansteckung, eine Paralyse bekommen. Andere erkranken an Tabes (S. 154) oder, wie in der Mehrzahl der Fälle, bleiben von Erkrankungen im Bereich des Nervensystems überhaupt verschont. Man glaubte, es gäbe besondere Stämme des Syphiliserregers *(Spirochaeta pallida)*, die Gehirn- und Rückenmarkserkrankungen erzeugen; andere beschuldigten die Salvarsanbehandlung usw. Von all dem kann aber nach den sehr eingehenden Untersuchungen der letzten Jahre keine Rede sein. Wir wissen die Gründe für das Auftreten von Paralyse und Tabes nach Syphilis nicht. Nur so viel wissen wir, daß die Erreger der Syphilis, die Spirochaeten, bei der Paralyse im Gehirn gefunden werden. Offenbar gelingt ihnen das Eindringen in die Nervensubstanz nur in einem Teil der Fälle und diese erkranken dann an Paralyse bzw. Tabes. Die Spirochaeten scheinen für das Nervensystem giftige Stoffe auszuscheiden, unter deren Wirkung die Nervenzellen zugrunde gehen. Die Gehirnwindungen eines paralytischen Gehirns sind schmäler als die eines normalen, und das ganze Gehirn wird im Verlaufe der Erkrankung kleiner (vgl. Verst. Wiss., Band 24, Abb. 5 auf S. 61). Die Glia (S. 8) zeigt charakteristische Veränderungen, in der Umgebung der kleinsten Blutgefäße des Gehirns finden wir eine bestimmte Art von Entzündungszellen (Plasmazellen), der Eisengehalt des Gehirns ist vermehrt usw. Wir beobachten also eine Reihe von auffälligen Veränderungen im Gehirn eines Paralytikers und man kann aus der Untersuchung des Gehirns die Erkrankung erkennen.

Daß so schwere Hirnveränderungen einschneidende Veränderungen der Persönlichkeit zur Folge haben, nimmt uns nach dem, was wir über die Funktion des Gehirns im vorausgehenden erfahren haben, nicht wunder. Um so eindrucksvoller ist uns jener Fortschritt der Medizin, der uns in den letzten Jahren gelehrt hat, durch *Fieberkuren* (Malaria) das Fortschreiten solcher zerstörender Prozesse im Gehirn wirksam aufzuhalten und bei rechtzeitiger Behandlung Menschen vor Umnachtung und sicherem Tod zu retten.

In mehr oder minder ausgeprägter Form entspricht auch anderen geistigen Erkrankungen ein solcher pathologisch-anatomischer Befund. Gewisse Formen von schwerem Schwachsinn lassen sich nach ihren Gehirnveränderungen bestimmen, und ebenso finden wir bei Säufern, nach Vergiftungen aller Art, bei Altersblödsinn usw. charakteristische Bilder.

Nicht selten vermissen wir aber auch Veränderungen im Gehirn, wo wir sie nach der Schwere der seelischen und geistigen Störungen bestimmt erwartet hätten. Das gilt vor allem für die *Hysterie*. Hier müssen wir annehmen, daß Vorgänge ähnlich denen des Traumlebens oder gewisser Rauschzustände vorliegen, wobei die Nervenzellen zwar abnorm funktionieren, aber doch keine bleibenden Veränderungen zeigen. Eine Uhr kann ja auch falsch gehen, ohne daß Teile an ihr deshalb zerstört sein müssen.

Diese Beispiele mögen genügen zusammen mit dem, was an anderen Stellen über krankhafte Veränderungen des Nervensystems gesagt wurde, um dem Leser ein Bild von der Bedeutung der Nervenanatomie für die Medizin zu vermitteln.

Schlußwort.

Der Leser, der uns bis hierher gefolgt ist, wird vielleicht nicht immer imstande gewesen sein, aus der Menge der neuen auf ihn eindringenden Begriffe und verwirrenden Einzelheiten die großen *Grundlinien* herauszuschälen. Werfen wir deshalb noch einmal einen kurzen Blick auf einige wichtige

Punkte und fassen wir das Ergebnis unserer Ausführungen
in einigen wenigen einfachen Sätzen zusammen:

Gehirn und Rückenmark bilden das *zentrale Nervensystem.*
Stränge von Nervenfasern leiten dem zentralen System die
Eindrücke der Sinnesorgane zu und leiten die Befehle der
nervösen Zentren zu den ausführenden Organen, den Muskeln usw.

Gehirn und Rückenmark sind aus Zellen, den *Nervenzellen,*
aufgebaut. Jede Nervenzelle bildet mit ihren Ausläufern eine
Art Einheit, das *Neuron.*

Die Ausläufer der Nervenzellen bilden innerhalb des Gehirns und des Rückenmarks *Bahnen,* außerhalb der Zentralorgane die *Nervenstränge.* Die Bahnen verbinden Gruppen
von Nervenzellen innerhalb des Zentralnervensystems. Die
Nervenstränge verbinden die Muskeln, Sinnesorgane usw. mit
Gruppen von Nervenzellen (Kerne) in den Zentralorganen.

Die zahllosen Nachrichten, die dem Gehirn und dem
Rückenmark dauernd aus der Körperperipherie zuströmen,
werden im Zentralnervensystem verarbeitet und aufgespeichert
(Gedächtnis). Wir sehen dabei eine Spezialisierung bestimmter Abschnitte des Zentralnervensystems für bestimmte Aufgaben. Wir nennen solche Abschnitte *Zentren,* und wir haben
Sehzentren, Hörzentren usw. kennengelernt.

Das Gehirn der wirbellosen Tiere (Insekten, Würmer usw.)
ist grundsätzlich verschieden von dem der Wirbeltiere. Das
Gehirn der Wirbeltiere zeigt aber einen gemeinsamen *Grundbauplan,* den wir in seinen wesentlichen Zügen von den pri-
mitivsten Fischen durch die ganze Wirbeltierreihe bis zum
Menschen verfolgen können.

Auf den alten *Hirnstamm* der Wirbeltiere, der Fische,
Amphibien, Reptilien und Vögel lagert sich bei den Säugetieren ein neuer, jüngerer Abschnitt auf, das *Großhirn.* Das
Großhirn, im besonderen die Großhirnrinde, übernimmt in
der Säugetierreihe mehr und mehr Aufgaben, die zunächst
dem Hirnstamm oblagen. Beim Menschen ist schließlich das
Großhirn zum beherrschenden Hirnteil geworden. Der Mensch
verdankt seine geistige Überlegenheit der Entwicklung des
Großhirns.

Ein wesentlicher Teil der Sinnesleistungen, also des Hörens, Sehens usw. ist Gehirnleistung. Die Sinnesorgane nehmen die Reize auf, verwertet werden sie aber im Gehirn.

Die Regulierung der für uns unbewußt ablaufenden Funktionen der inneren Organe besorgt das *vegetative Nervensystem*, ein nach eigenen Gesetzen tätiges System von Nervenzellen und -fasern.

Nerven- und Geisteskrankheiten können vielfach ohne die Kenntnis der krankhaften Veränderungen im Gehirn und Rückenmark nicht verstanden werden, und das Studium des erkrankten Nervensystems vermittelt uns mannigfache Einsichten, die wir am gesunden Nervensystem nicht gewinnen könnten.

Aber nicht nur feststehende Tatsachen aus der Anatomie, Physiologie und Pathologie des Nervensystems haben wir im vorangehenden geschildert. Der Leser wird auch den Eindruck gewonnen haben, daß auf dem Gebiet der Erforschung des Nervensystems noch schwere und bedeutungsvolle *Probleme* der Lösung harren. Wir wissen noch nicht, was eigentlich im Nerven vor sich geht, wenn eine Erregung durch ihn eilt, was in der Nervenzelle passiert, wenn sie einen Impuls an einen Muskel schickt. Wir wissen nicht, was an der Nervenzelle für Veränderungen eintreten, wenn wir uns etwas merken und wenn wir alte, längst vergessen geglaubte Erinnerungen hervorholen. Ein unendliches Feld zukünftiger Forschung liegt da vor uns. Und die Probleme, um die es dabei geht, berühren Grundfragen unseres Seins.

Auf der anderen Seite treffen sich die Probleme der Wissenschaft hier unmittelbar mit denen des praktischen Lebens. *Wissenschaft und Staatsinteresse* streben hier besonders offensichtlich auf gemeinsame Ziele zu. Denn der größere Teil der Krankheiten, die z. B. unter die neuen deutschen Gesetze zur Verhütung erbkranken Nachwuchses fallen, sind Erkrankungen des Nervensystems. Der Gesetzgeber verlangt von der Wissenschaft, daß sie die Krankheiten abzugrenzen weiß, deren Bekämpfung im Interesse des Staates liegt. Die Wissenschaft verlangt dafür, daß sie der Staat dabei unterstützt, indem er ihr die nötigen Mittel gibt, ihre Aufgaben zu lösen. In wenigen Ländern erfreut sich von jeher die Wissenschaft so großer Förderung von seiten des Staates wie in Deutschland. Der Staat hat das nie zu bereuen gehabt, und zwar nicht nur auf dem Gebiete der Erforschung des Nervensystems. Die Bannung der Seuchengefahr, der Aufbau unserer chemischen Industrie und vieles andere waren die Gegenleistung der Wissenschaft für ihre Förderung durch den Staat. Eine Vorstellung von der lebendigen Forschung, vom Verhältnis der Wissenschaft zur Volksgesundheit und Staatswohlfahrt, von ihrer Bedeutung für den geistigen Haushalt der Menschheit überhaupt und für das Wohl und Wehe des eigenen Volkes auch dann, wenn sie scheinbar weitab führende Wege einschlägt, möchte dieses Büchlein einem größeren Kreise vermitteln helfen.

Quellennachweis der Abbildungen.

Soweit nichts Besonderes angegeben wird, handelt es sich um Originalabbildungen.

Abb. 5a. Nach Schkaff aus Hanstrom, B.: Vergleichende Anatomie des Nervensystems der wirbellosen Tiere. Berlin 1928. S. 216, Abb. 212. 5b. Nach Blanchard aus Plate, L.: Allgemeine Zoologie und Abstammungslehre. Jena 1922. Band I, S. 428, Abb. 419 B.

Abb. 6. Mit Benutzung einer Abbildung von R. Wiedersheim in Vergleichende Anatomie der Wirbeltiere. Jena 1909. S. 292, Fig. 198.

Abb. 7. Wie Abb. 6. S. 299, Fig. 203.

Abb. 8. Wie Abb. 6. S. 303, Fig. 206.

Abb. 10. Wie Abb. 6. S. 310, Fig. 211.

Abb. 13. Aus Braus-Elze: Anatomie des Menschen, 3. Bd. Zentrales Nervensystem. Berlin 1932. S. 151, Abb. 98.

Abb. 16. Aus Muller-Seifert: Taschenbuch der medizinisch-klinischen Diagnostik. Munchen 1931. S. 299, Abb. 107 und 108.

Abb 17. Nach Vogt und Brodmann aus C v. Economo: Zellaufbau der Großhirnrinde des Menschen. Berlin 1927. S. 6, Abb. 3.

Abb. 18. Gezeichnet nach Mikrophoto in C. v. Economo: Zellaufbau der Großhirnrinde des Menschen. Berlin 1927. S. 27, Abb. 12 und S. 93, Abb. 41.

Abb. 19. Aus C. v. Economo und G. N. Koskinas: Die Cytoarchitektonik der Hirnrinde des erwachsenen Menschen. Wien u. Berlin 1925, S. 15, Abb. 6 und 7.

Abb. 20. Ebenda S. 241, Abb. 100 und 101.

Abb. 21. Ebenda S. 244, Abb. 106 und 107.

Abb. 22. Nach Braus-Elze: Anatomie des Menschen, 3. Bd. Zentrales Nervensystem. Berlin 1932. S. 179, Abb. 113 mit veränderter Beschriftung.

Abb. 27—31. Gezeichnet mit Benutzung zweier Schemata von C. J. Herrick in F. Bremer: Le cervelet, in: Traité de physiologie. Paris 1935. Band 10/I. S. 47, Fig. 5 und S. 51, Fig. 8.

Abb. 32. Mit Benutzung von Abbildungen von L. Edinger in: Curschmann-Kramer: Lehrbuch der Nervenkrankheiten, Berlin 1925. S. 328 und 329, Abb. 10 und 11.

Abb. 33 und 34. Aus Muller-Spatz: Bilder zur makroskopischen Anatomie des Gehirns und zum Bahnenverlauf. München 1926. S. 9, Tab. IV A und S. 11, Tab. V C.

Abb. 40. Gezeichnet mit Benutzung einer Abbildung in Braus-Elze: Anatomie des Menschen, 3. Bd. Zentrales Nervensystem. Berlin 1932. S 98, Abb. 76.

Abb. 42. Aus Braus-Elze: Anatomie des Menschen, 3. Bd. Zentrales Nervensystem. Berlin 1932. S. 41, Abb. 44.

Abb. 43. Nach F. K. Walter aus Curschmann-Kramer: Lehrbuch der Nervenkrankheiten. Berlin 1925. S. 176, Abb. 2.

Abb. 44. Nach Spalteholz aus Curschmann-Kramer: Lehrbuch der Nervenkrankheiten. Berlin 1925. S. 195, Abb. 20.

Abb. 45. Mit Benutzung einer Abbildung von O. Foerster in M. Kroll: Die neuropathologischen Syndrome. Berlin 1929. S. 59, Abb. 56.

Abb. 46, 47, 49, 50, 51, 52 und 53. Gezeichnet mit Benutzung von Schemata bei E. Villiger: Gehirn und Rückenmark. Leipzig 1922.

Abb. 48. Aus M. Kroll: Die neuropathologischen Syndrome. Berlin 1929. S. 9, Abb. 1.

Abb. 55. Nach v. Monakow aus Liepmann u. Kramer in Curschmann-Kramer: Lehrbuch der Nervenkrankheiten. Berlin 1925. S. 320, Abb. 2.

Abb. 56. Nach den Angaben Cushings gezeichnet mit Benutzung einer Abbildung von G. Schaltenbrand in der Deutschen Zeitschrift für Nervenheilkunde. Band 140, S. 70, 1936.

Abb. 57. Aus H. Braus: Anatomie des Menschen. Berlin 1924. Band II, S. 540, Abb. 262.

Abb. 59. Aus Braus-Elze: Anatomie des Menschen, 3. Bd. Zentrales Nervensystem. Berlin 1932. S. 24, Abb. 31.

Abb. 60. Nach Boeke aus Braus-Elze: Anatomie des Menschen, 3. Bd. Zentrales Nervensystem. Berlin 1932. S. 26, Abb. 34.

Abb. 63. Nach Streeter aus Stohr: Mikroskopische Anatomie des vegetativen Nervensystems. Berlin 1928. S. 8, Abb. 2.

Abb. 64. Nach E. Muller aus F. K. Walter in Curschmann-Kramer: Lehrbuch der Nervenkrankheiten. Berlin 1925. S. 212, Abb. 30.

Abb. 65. Nach Goldscheider aus F. K. Walter in Curschmann-Kramer: Lehrbuch der Nervenkrankheiten. Berlin 1925. S. 202, Abb. 24 und 25.

Abb. 66. Mit Benutzung von 2 Abbildungen in C. Toldts Anatomischem Atlas. III. Band. Berlin und Wien 1918. S. 832 und 833, Fig. 1266 und 1267.

Abb. 69. Nach Greving aus Mollendorff, Handbuch der mikroskopischen Anatomie des Menschen. Band 4/I. Nervensystem. Berlin 1928. S. 921, Abb. 2.

Abb. 70 u. 71. Mit Benutzung einer Abbildung von L. R. Muller in Möllendorff, Handbuch der mikroskopischen Anatomie des Menschen. Band 4/I, Nervensystem. Berlin 1928. S. 918, Abb. 1.

Abb. 73. Aus C. v. Economo: Zellaufbau der Großhirnrinde des Menschen. Berlin 1927. S. 9, Abb. 5a—d.

Abb. 75. Verändert nach C. v. Monakow: Die Lokalisation im Großhirn. Wiesbaden 1914. S. 128 und 129, Abb. 22, 22b und 22c.

Abb. 76. Mit Benutzung einer Abbildung von C. v. Monakow in Curschmann-Kramer: Lehrbuch der Nervenkrankheiten. Berlin 1925. S. 384, Abb. 48.

Abb. 77. Vereinfacht nach E. Villiger: Gehirn und Rückenmark. Leipzig 1922. S. 139, Fig. 129.

Abb. 78. Nach Bing aus F. K. Walter in Curschmann-Kramer: Lehrbuch der Nervenkrankheiten. Berlin 1925. S. 191. Abb. 17.

Abb. 79a und b. Aus K. Kleist: Gehirnpathologie. Leipzig 1934. S. 1365, Abb. 429 und S. 1366, Abb. 430.

Abb. 80a. Aus Curschmann-Kramer: Lehrbuch der Nervenkrankheiten. Berlin 1925. S. 215, Abb. 31.

Abb. 81a. Aus W. Spielmeyer: Histopathologie des Nervensystems. Berlin 1922. S. 130, Abb. 75.

Vitamine und Mangelkrankheiten

Ein Kapitel aus der menschlichen Ernährungslehre

Von

Dr. **H. Rudy,** Heidelberg

(Band XXVII der Sammlung „Verständliche Wissenschaft")

Mit 37 Abbildungen. IX, 159 Seiten. 1936. Gebunden RM 4.80

In ihrem hohen Ziele, der Menschheit zu helfen, hat die Heilkunde immer neue Methoden und neue Mittel gefunden. So ist z. B. der früher bei Seeleuten und Forschungsreisenden so gefürchtete Skorbut dank der Forschung überwunden. Intensiver Gedankenaustausch zwischen den verschiedenen Zweigen der Wissenschaft — vor allem der Medizin mit den Naturwissenschaften und der Chemie — hat auf dem Gebiete der Heilkunde viel Gutes geschaffen. Eines der jüngsten gemeinsamen Arbeitsgebiete von Arzt und Chemiker ist die Erforschung von Stoffgruppen, denen in der lebendigen Zelle besonders wichtige Aufgaben zufallen: Fermente, Hormone und Vitamine. Hierüber gibt der vorliegende Band eine interessante, gut lesbare Darstellung, wobei die Vitamine den weitaus größten Raum einnehmen.

Inhalt: *Allgemeiner Teil.* Wie die Vitamine entdeckt wurden. Wieviel Vitamine gibt es? Wesen und Wirkungsweise der Vitamine. — *Spezieller Teil.* Die Mangelkrankheiten oder Avitaminosen. — Kolpokeratose, Xerophthalmie, Hemeralopie, Wachstumsstillstand als Folge des Vitamin-A-Mangels. — Rachitis, Tetanie, Osteomalazie als Folge des Vitamin-D-Mangels. — Sterilität als Folge des Vitamin-E-Mangels. — Beriberi als Folge von Vitamin-B_1- (und B_4-) Mangel. — Die menschliche Pellagra. — Mit der Pellagra verwandte Avitaminosen. — Skorbut als Folge des Vitamin-C-Mangels. — Hämorrhagien (Gewebsblutungen) anderen als skorbutischen Ursprungs. — Weitere avitaminotische Ernährungsschäden. — Versteckte (latente) Vitaminmangelkrankheiten. — Die Vitamine als Stoffe. Wie der Ernährungsphysiologe und der Chemiker die Vitamine sehen. — Vitamin A. — Das antirachitische Vitamin D. — Das Fruchtbarkeits- oder Antisterilitäts-Vitamin E. — Das antihämorrhagische Vitamin K. — Das antineuritische Vitamin B_1. — Der Anti-Pellagra-Komplex. — Das Wachstumsvitamin B_2 (Laktoflavin). — Der Ratten-Anti-Dermatitis-Faktor. — Das Anti-Skorbut-Vitamin C (Askorbinsäure). — Vergleich der fettlöslichen und wasserlöslichen Vitamine nach ihrem Aufbau. — Die Vitamine in der Pflanze. — Die Vitamine als Heilmittel. — Einiges über die menschliche Ernährung. — Übersicht über die Vitamine und die Vitamin-Mangelkrankheiten. — Vitamingehalt einiger Nahrungs-, Genuß- und Futtermittel. — Sachverzeichnis.